计算机类专业人才培养内涵建设项目系列教材

网络互联技术实训教程（下册）

主　编　李　越
副主编　卞　炜　吴青权　谢森祥

WUHAN UNIVERSITY PRESS
武汉大学出版社

图书在版编目(CIP)数据

网络互联技术实训教程.下册/李越主编.—武汉:武汉大学出版社,
2016.9
计算机类专业人才培养内涵建设项目系列教材
ISBN 978-7-307-18602-6

Ⅰ.网… Ⅱ.李… Ⅲ.互联网络—高等职业教育—教材 Ⅳ.TP393.4

中国版本图书馆 CIP 数据核字(2016)第 214143 号

责任编辑:王一洁 责任校对:刘小娟 王小倩 装帧设计:张希玉

出版发行:**武汉大学出版社** (430072 武昌 珞珈山)
 (电子邮件:whu_publish@163.com 网址:www.stmpress.cn)
印刷:虎彩印艺股份有限公司
开本:787×1092 1/16 印张:15.75 字数:398 千字
版次:2016 年 9 月第 1 版 2016 年 9 月第 1 次印刷
ISBN 978-7-307-18602-6 定价:40.00 元

前　言

随着信息技术的不断进步及信息产业的迅猛发展,互联网＋、云计算、物联网、大数据等新兴技术在各个行业中的应用不断拓展,整个社会对网络技术的需求也不断增加。作为信息技术核心的网络技术,正在成为整个信息社会的核心技术,各个行业及企业对网络技术专业人才的需求日益增长。作为高等职业教育中重点培养方向之一的计算机网络专业,更应顺应时代潮流,培养更加符合行业发展需要的专业型、技能型人才。

为了使高等职业院校的网络技术专业学生更好地掌握计算机网络的实践技能,编者总结多年网络技术实际工作经验和多年实践教学经验,以所积累的大量工作实例及行业应用案例为主要内容,编写了本书。

本书主要针对中高职贯通计算机网络技术专业,与《网络互联技术实训教程(上册)》共同作为两门专业核心课程"路由交换技术基础"和"高级路由交换技术"的配套用书。两册书采用统一的结构和编写思路,内容由浅入深、循序渐进。

本书以高级路由和交换配置为主要内容,兼顾行业技术能力要求,参照行业标准进行编写。采用"基于工作过程"课程教学模式,以"任务驱动"为形式组织编写教学内容。本书共分十个任务,其中任务一、二、三、六、九为路由器的高级配置,任务四、五、七、八、十为交换机的高级配置。每个任务均以实际工作为目标,以任务导向为主线,通过学习和实训教学完成任务目标,并在此基础上提供了相应的任务拓展。

本书适用于高职院校计算机网络专业的学生,也可供成人教育和自学人员使用。本书可当作一本独立的教材使用,部分任务的实训也可作为网络管理员的培训内容。

本书由李越担任主编,卞炜、吴青权、谢森祥担任副主编。本书的编写得到了上海市市北职业高中的大力支持,同时得到相关行业及企业的帮助,在此表示感谢!

由于计算机网络技术的迅猛发展,加之时间仓促及编者水平有限,书中疏漏和不妥之处在所难免,敬请读者批评指正。

编　者

2016 年 6 月

目 录

任务一　BGP …………………………………………………………………………………… 1

任务二　IPSec VPN ……………………………………………………………………… 22

任务三　IPv6 隧道 ……………………………………………………………………… 43

任务四　MSTP ……………………………………………………………………………… 66

任务五　Private VLAN ………………………………………………………………… 88

任务六　VRRP ……………………………………………………………………………… 106

任务七　IP 组播 ………………………………………………………………………… 142

任务八　防 DHCP 和 ARP 欺骗 …………………………………………………… 171

任务九　路由重分发和策略路由 …………………………………………………… 193

任务十　IP QOS …………………………………………………………………………… 216

参考文献…………………………………………………………………………………… 242

任务一　BGP

◈ 知识目标

❏ 了解 BGP 的工作原理。
❏ 掌握 BGP 的主要配置方法。

◈ 能力目标

❀ 熟练掌握 BGP 的配置命令。
❀ 学会用 BGP 解决两个自治系统间的网络连通问题。

◈ 任务描述

　　某公司的总部在北京,该公司下设 30 个分公司。数据中心及各省节点通过高端路由器组建成全国骨干网。由于总公司和分公司相隔较远,企业规模庞大,在广域网的基础上如何运用路由技术实现整个企业网的互联互通呢?

知识储备

一、BGP 概述

BGP(Border Gateway Protocol)是一种在不同自治系统(Autonomous System，AS)的路由设备之间进行通信的外部网关协议(Exterior Gateway Protocol，EGP)，又称为边界网关协议。其主要功能是在不同的 AS 之间交换网络可达信息，并通过协议自身机制来消除路由环路。BGP 使用 TCP(Transmission Control Protocol，传输控制协议)作为传输协议，通过 TCP 的可靠传输机制保证 BGP 的传输可靠性。

运行 BGP 的路由器称为 BGP Speaker，建立了 BGP 会话连接(BGP Session)的 BGP Speakers 称为对等体(BGP Peers)。在 BGP Speakers 之间建立对等体的模式有两种：IBGP (Internal BGP)和 EBGP(External BGP)。IBGP 是指在相同 AS 内建立的 BGP 连接，EBGP 是指在不同 AS 之间建立的 BGP 连接。两者的作用简而言之就是：IBGP 完成的是路由信息在相同 AS 内的过渡，而 EBGP 完成的是不同 AS 之间路由信息的交换。

BGP 具有如下特点：

① 支持 BGP-4；

② 支持多种路径属性；

③ 支持 BGP 对等体组(Peer Group)；

④ 支持使用 Loopback 接口；

⑤ 支持使用 TCP 的 MD5 认证；

⑥ 支持 BGP 和 IGP(Interior Gateway Protocol，内部网关协议)的同步；

⑦ 支持 BGP 路由聚合；

⑧ 支持 BGP 路由衰减；

⑨ 支持 BGP 路由反射器。

二、运行 BGP

要运行 BGP，需在特权用户配置模式(以下简称"特权模式")下，按照表 1-1 步骤进行。

表 1-1

命令	作用
Router # configure terminal	进入全局配置模式
Router(config) # ip routing	启用路由功能（如果开关关闭的话）

续表

命令	作用
Router(config)# bgp as-number	打开 BGP,配置 AS 号(as-number 的范围为 1～4294967295),进入 BGP 配置模式
Router(config-)# bgp-id-id ID	(可选)配置交换机运行 BGP 协议时使用
Router(config-)# end	退回到特权模式
Router# show run	显示当前配置
Router# copy running-config startup-config	保存配置

三、向 BGP 中注入路由信息

刚开始运行 BGP 时,BGP 的路由信息是空的。向 BGP 中注入路由信息的方法有两种:

(1)通过 network 命令,手动向 BGP 中注入路由信息。

(2)通过和 IGP 的交互,从 IGP 注入路由信息。

此后,BGP 将注入的路由信息发布给自己的对等体。

通过 network 命令手动注入 BGP Speaker 需要向 BGP Speaker 公告网络的信息,在 BGP 配置模式下执行表 1-2 命令。

表 1-2

命令	作用
Router(config-)# network network-number mask network-mask[route-map map-tag]	配置 AS 内需要注入 BGP 路由表的网络信息

使用 no network network-number mask network-mask 命令取消要发送的网络信息。如需取消使用的 route-map,可使用不添加 route-map 选项的命令再配置一遍。如配置的 network 信息是标准的 A 类、B 类和 C 类网络地址,可以不使用该命令的 mask 选项。

(1)A 类网络地址以"0"开头,只用一个字节(8 位)表示网络号,后三个字节代表主机号,适用于大型网络。A 类网络号的二进制取值范围为 0000000～01111111,对应的十进制数值范围为 0～127。A 类地址的子网掩码为 255.0.0.0。

(2)B 类地址以"10"开头,前两个字节代表网络号,后两个字节代表主机号。可分配给用户的 B 类地址范围为 128.0.0.1～191.255.255.254。B 类地址的子网掩码为 255.255.0.0。

(3)C 类地址以"110"开头,前三个字节代表网络号,最后一个字节代表主机号,用于规模较小的局域网。C 类网络号第一个字节的十进制取值范围为 192～223。C 类地址的子网掩码为 255.255.255.0。

有时,如果希望 IGP 的某一条路由优选,而不使用 EBGP 的这一条路由信息,可使用配置命令 network backdoor 来完成这一功能,在 BGP 配置模式下按照表 1-3 命令执行。

表 1-3

命令	作用
Router(config-) # network network-number mask network-mask backdoor	指示通过后门路由到达可达的网络信息

缺省情况下，从建立 EBGP 连接的 BGP Speaker 学到的网络信息的管理距离为 20。通过 network backdoor 命令将这些网络信息的管理距离设置为 200，从而使得从 IGP 学到的相同的网络信息拥有更高的优先级。从 IGP 学到的这些网络被认为是后门网络，并不被公告出去。

四、BGP 下发路由的控制

BGP 可以使用 table-map 命令来控制下发到核心路由表的路由信息。table-map 命令可以修改下发到核心路由表的路由信息的属性。如果匹配路由，则修改路由信息的属性，并下发路由；如果不匹配路由，或是拒绝匹配路由，则不修改路由信息的属性，但仍然下发路由。

缺省情况下，即没有配置 table-map，允许下发所有路由，而且不改变下发路由的路由属性。table-map 的变化不会立即反映到核心路由表中，必须等待一段时间。若想立即更新 table-map 的应用，可使用 clear ip bgp[vrf vrf-name] table-map 命令立即更新核心路由表的路由信息。使用 clear ipbpg [vrf vrf-name] table-map 命令不会引起已经反映到核心路由表的路由信息先清后加，而是直接应用 table-map 命令进行下发更新，这不会造成转发振荡。目前 table-map 中支持的规则有：① match 规则：as-path/community/ip address/ip next-hop/metric/origin/route-type；② set 规则：metric/tag/next-hop。若要配置 table-map，需在 BGP 配置模式或者在 IPv4 地址族模式下执行表 1-4 命令。

表 1-4

命令	作用
Router（config-）# table-map route-map-name	配置 table-map。route-map-name 指明要关联的 route-map 的名字

BGP 使用 bgp redistribute-internal 命令来控制从 IBGP 学习来的路由是否重分发给 IGP。从 EBGP 或者联盟 BGP 学习来的路由都是允许重分发给 IGP 协议的。缺省情况下，不管是在 VRF 模式下还是在全局模式下，该命令均打开。也就是说，从 IBGP 学到的路由是允许重分发给 IGP 的。

要允许 IBGP 路由重分发给 IGP（包括 RIP、OSPF、ISIS 等 IGP），在 BGP 配置模式、IPv4/IPv6 地址族模式或者 IPv4 VRF 地址族模式下执行表 1-5 命令。

表 1-5

命令	作用
Router(config-)# bgp redistribute-internal	允许 IBGP 路由重分发给 IGP 协议

五、配置 BGP 对等体（组）及其参数

BGP 作为一个外部网关协议，BGP Speaker 必须知道谁是其对等体。前文中提到，在

BGP Speakers 之间建立连接关系的模式有两种：IBGP 和 EBGP。通过 BGP Peer 所在的 AS 和本 BGP Speaker 所在的 AS 来判断 BGP Speakers 之间建立的是哪种连接模式。

BGP 同时支持 IPv4 和 IPv6，如要查看是否支持 IPv6 功能，可在 BGP 配置模式下执行查看命令 address-family ipv6。配置时，如果 address 为 IPv4 地址，就是 IPv4 对等体；如果 address 为 IPv6 地址，就是 IPv6 对等体。注意将对等体在对应的地址族中激活。

正常情况下，建立 EBGP 连接的 BGP Speakers 之间要求物理上直接相连，而建立 IBGP 连接的 BGP Speakers 可以在 AS 内的任何地方。要配置 BGP 对等体，需在 BGP 配置模式下执行表 1-6 命令。

表 1-6

命令	作用
Router（config-）# neighbor ｛address｜peer-group-name｝remote-as as-number	配置 BGP 对等体。address 指明 BGP Peer 的地址；peer-group-name 指明 BGP peer-group 的名字；as-number 的范围为 1～4294967295
Router(config-)# neighbor peer-group-name peer-group	创建 BGP 对等体组
Router(config-)# neighbor peer-group-name remote-as as-number	（可选）配置 BGP 对等体组。as-number 的范围为 1～4294967295
Router（config-）# neighbor address peer-group peer-group-name	（可选）设置 BGP 对等体为 BGP 对等体组成员
Router（config-af）# neighbor ｛address｜peer-group-name｝activate	（可选）激活对等体的某个地址族功能，使之可以和其他对等体进行这个地址族路由信息的交互
Router（config-）# neighbor ｛address｜peer-group-name｝update-source interface	（可选）配置在同指定 BGP 对等体（组）之间建立 BGP Session 时使用的网络接口
Router（config-）# neighbor ｛address｜peer-group-name｝ebgp-multihop［ttl］	（可选）允许在非直连的 EBGP 对等体（组）之间建立 BGP Session。TTL 的范围为 1～255 跳，EBGP 缺省 1 跳，IBGP 缺省 255 跳
Router（config-）# neighbor ｛address｜peer-group-name｝password string	（可选）启动在同指定 BGP 对等体（组）建立连接时使用 TCP MD5 认证，并配置密码

续表

命令	作用
Router（config-）# neighbor ｛address｜peer-group-name｝times keepalive holdtime	（可选）配置与指定的 BGP 对等体(组)建立连接时使用的 Keepalive 和 Holdtime 时间值
Router（config-）# neighbor ｛address｜peer-group-name｝advertisement-interval seconds	（可选）配置朝指定 BGP 对等体(组)发送路由更新的最小时间间隔。advertisement-interval 的范围为 1～600s，IBGP对等体缺省 15s，EBGP 对等体缺省 30s
Router（config-）# neighbor ｛address｜peer-group-name｝ default-originate ［route-map map-tag］	（可选）配置向指定 BGP 对等体(组)发送缺省路由
Router（config-）# neighbor ｛address｜peer-group-name｝ next-hop-self	（可选）配置朝指定 BGP 对等体(组)分发路由时，将路径信息的下一跳设置为本 BGP Speaker
Router（config-）# neighbor ｛address｜peer-group-name｝ remove-private-as	（可选）配置朝 EBGP 对等体(组)分发路由信息时删除 AS 路径属性中记录的私有 AS 号
Router（config-）# neighbor ｛address｜peer-group-name｝ send-community	（可选）配置允许朝指定 BGP 对等体(组)发送团体属性
Router（config-）# neighbor ｛address｜peer-group-name｝ maximum-prefix maximum ［warning-only］	（可选）限制从指定 BGP 对等体(组)接收来的路由信息的条目
Router（config-）# neighbor ｛address｜peer-group-name｝ distribute-list access-list-name ｛in｜out｝	（可选）配置同指定 BGP 对等体(组)收发路由信息时，根据访问列表实施路由策略
Router（config-）# neighbor ｛address｜peer-group-name｝ prefix-list prefix-list-name ｛in｜out｝	（可选）配置同指定 BGP 对等体(组)收发路由信息时，根据前缀列表实施路由策略
Router（config-）# neighbor ｛address｜peer-group-name｝ shutdown	（可选）关闭 BGP 对等体(组)
Router（config-）# neighbor ｛address｜peer-group-name｝ route-reflector-client	（可选）配置设备为路由反射器，并指定其客户端
Router（config-）# neighbor ｛address｜peer-group-name｝ soft-reconfiguration inbound	（可选）重启 BGP session，并保留 BGP 对等体(组)发来的未经更改的路由信息

续表

命令	作用
Router（config-）# neighbor｛address｜peer-group-name｝unsuppress-map map-tag	（可选）配置朝指定对等体分发路由信息时，选择性地公告先前被 aggregate-address 命令抑制的路由信息
Router（config-）# neighbor｛address｜peer-group-name｝filter-list path-list-name ｛in｜out｝	（可选）配置同指定 BGP 对等体（组）收发路由信息时，根据 AS 路径列表实施路由策略
Router（config-）# neighbor｛address｜peer-group-name｝route-map map-tag｛in｜out｝	（可选）配置同指定 BGP 对等体（组）收发路由信息时，根据 route-map 命令实施路由策略

如果一个对等体组没有配置 remote-as，那么其每个成员可以使用 neighbor remote-as 命令单独配置。

缺省情况下，对等体组的每个成员继承对等体组的所有配置。但是每个成员允许单独配置那些不影响输出更新的可选配置，从而取代对等体组的统一配置。使用 neighbor update-source 命令，可以选定任何有效接口建立 TCP 连接。该命令的最大作用是提供 Loopback 接口，使得到达 IBGP Speaker 的连接更加稳定。

缺省情况下，建立 EBGP 连接的 BGP Peers 要求在物理上直连。如果希望在非直连的 External BGP Speakers 之间建立 EBGP Peers，可以使用 neighborebgp-multihop 命令。

为了安全需要，可以为建立连接的 BGP 对等体（组）设置认证，认证使用 MD5 算法。在 BGP 对等体上设置的认证密码必须相同。BGP 上开启 MD5 认证的命令如表 1-7 所示。

表 1-7

命令	作用
Router（config-）# neighbor｛address｜peer-group-name｝password string	在同指定 BGP 对等体（组）建立 BGP 连接时，使用该命令启动 TCP MD5 认证，并设置密码

使用命令 no neighbor｛address｜peer-group-name｝password 来关闭 BGP 对等体（组）间设置的 MD5 认证。使用 neighbor shutdown 命令能立即关闭同对等体（组）建立的有效连接，并删除与对等体（组）相关联的所有路由信息。

六、配置 BGP 的管理策略

无论何时，只要路由策略（包括 neighbor distribute-list、neighbor route-map、neighbor prefix-list 和 neighbor filter-list 等）发生改变，就必须提供有效方法使得新的路由策略能够实施。传统方法是先关闭 BGP 会话连接再重新建立 BGP 连接以达到目的。新的方法是通过配置 BGP 的软复位，在不关闭 BGP 会话连接的情况下，有效地实施新的路由策略。为了方便对 BGP 软复位进行描述，下面称影响输入路由信息的路由策略为输入路由策略（如 In-route-map、In-dist-list 等），称影响输出路由信息的路由策略为输出路由策略（如 Out-route-map、Out-dist-list 等）。如果输出路由策略发生变化，那么在 BGP 配置模式下执行表 1-8 命令。

表 1-8

命令	作用
Router # clear ip bpg { *	peer-address	peer-group peer-group-name	external } soft out	软复位 BGP 连接（不需要重启 BGP Session），同时激活路由策略的实施

如果输入路由策略发生变化，其操作将比输出路由策略变化更复杂。这是因为输出路由策略是实施在本 BGP Speaker 的路由信息表上的；而输入路由策略是实施在从 BGP Peer 接收来的路由信息上的。出于节约内存考虑，本地 BGP Speaker 并不保留原始的从 BGP Peer 接收来的路由信息。

如果确实需要修改输入路由策略，常用做法是通过 neighbor soft-reconfiguration inbound 命令为指定的每个 BGP 对等体在本 BGP Speaker 上保存一份原始的路由信息，为随后修改输入路由策略提供原始路由信息依据。目前还存在一种称为"路由刷新性能"的标准实现方式，支持在不保存原始路由信息的条件下，修改路由策略并能使其得到实施。如果输入路由策略发生变化，那么在 BGP 配置模式下执行表 1-9 命令。

表 1-9

命令	作用
Router（config-）# neighbor {address	peer-group-name} soft-reconfiguration inbound	重启 BGP Session，并保留 BGP 对等体（组）发来的未经更改的路由信息。执行该命令将消耗较多内存，如果对等体双方都支持路由刷新性能，则无须执行该命令
Router # clear ip bgp { *	peer-address	peer-group peer-group-name	external } soft in	软复位 BGP 连接（不需要重启 BGP Session），同时激活路由策略的实施

可以通过 show ip bgp neighbors 命令来判断 BGP 对等体是否支持路由刷新性能，如果支持，在输入路由策略发生变化时就无须执行 neighbor soft-reconfiguration inbound 命令。

七、配置 BGP 和 IGP 的同步

对将穿越本 AS 到达另一个 AS 的路由信息，只有保证本 AS 内所有的路由器都学到该路由信息时，才允许将该路由信息发布到另一个 AS。否则如果本 AS 内存在（运行 IGP 协议）未学习到该路由信息的路由器，那么当数据报文穿过本 AS 时，就可能因为这些路由器不知道该路由而将数据报文丢弃，即引起路由黑洞现象。保证本 AS 内所有路由器都学到发布到 AS 外的路由信息，这称为 BGP 和 IGP 的同步。简单的实现同步的方法是，BGP Speaker 将 BGP 学到的路由信息全部重分发到 IGP 中，从而保证在 AS 内部的路由器能够学到这些路由信息。

在以下两种情况下，可以取消 BGP 和 IGP 的同步机制：

（1）不存在穿越本 AS 的路由信息（一般情况下，本 AS 是一个末梢 AS）；

（2）在 AS 内所有的路由器都运行 BGP 协议,所有的 BGP Speaker 之间建立全连接关系（BGP Speaker 两两建立邻接关系）。

缺省情况下,BGP 和 IGP 同步是关闭的。但是在穿越 AS 中不是所有的路由器都运行 BGP 协议的情况下,需打开同步机制,执行表 1-10 命令。

表 1-10

命令	作用
Router(config-)# synchronization	打开 BGP 和 IGP 的同步

八、配置 BGP 和 IGP 的交互

在默认情况下,不允许重分发默认路由。如需重分发默认路由,可执行表 1-11 命令来进行控制。

表 1-11

命令	作用
Router(config-)# redistribute [connected|rip|static] [route-map map-tag] [metric metric-value]	(可选)重分发静态路由、直连路由、RIP 路由协议生成的路由信息
Router (config-)# redistribute ospf process-id [route-map map-tag][metric metric-value] [match internal external [1|2] nssa-external [1|2]]	(可选)重分发 OSPF 路由协议生成的路由信息
Router(config-)# redistribute isis [isis-tag] [route-map map-tag] [metric metric-value] [level-1| level-1-2| level-2]	(可选)重分发 ISIS 路由协议生成的路由信息
Router(config-)# default-information originate	使能够进行默认路由的重分发

九、配置 BGP 的路径属性

（一）AS-PATH Attribute 相关配置

BGP 能通过多种方式控制路由信息的分发。基于 IP 地址,可以使用 neighbor distribute-list 和 neighbor prefix-list 实现;基于 AS 路径,可使用 Access Control List 控制路由信息的分发。Access Control List 使用正则表达式(Regular Expression)对 AS 路径进行解析。要配置基于 AS 路径的路由信息的分发,在特权模式下,执行表 1-12 命令。

表 1-12

命令	作用
Router# configure terminal	进入全局配置模式
Router(config)# ip as-path access-list path-list-name {permit|deny} as-regular-expression	(可选)定义一条 AS 路径列表
Router(config)# ip routing	启用路由功能(如果为关闭的话)
Router(config)# bgp as-number	打开 BGP,配置 AS 号,进入 BGP 配置模式
Router(config-)# neighbor {address | peer-group-name} filter-list path-list-name {in| out}	(可选)配置和指定 BGP 对等体(组)收发路由信息时,根据 AS 路径列表实施路由策略
Router(config-)# neighbor {address | peer-group-name} route-map map-tag {in | out}	(可选)配置和指定 BGP 对等体(组)收发路由信息时,根据 route-map 实施路由策略。在 route-map 配置模式下,可以使用 match as-path 命令通过 AS 路径列表对 AS 路径属性进行操作,也可以直接使用 set as-path 命令对 AS 路径属性进行操作

  按照标准(RFC1771)实现,BGP 进行最优路径选择时并不考虑 AS 路径长度。但一般情况下,AS 路径长度越小,路径优先级越高。所以在进行最优路径选择时,可以根据实际情况考虑 AS 路径长度。如果在选择最优路径时不考虑 AS 路径长度,在 BGP 配置模式下执行表 1-13 命令。

表 1-13

命令	作用
Router(config-)# bgp best path as-path ignore	允许 BGP 进行最优路径选择时不考虑 AS 路径长度

(二)NEXT-HOP Attribute 相关配置

  如果希望在向指定 BGP 对等体发送路由信息时将下一跳设置为本 BGP Speaker,可以使用 neighbor next-hop-self 命令,该命令主要是提供给一些非网状的网络(如帧中继、X.25)使用。在 BGP 配置模式下执行表 1-14 命令。

表 1-14

命令	作用
Router(config-)# neighbor {address | peer-group-name} next-hop-self	配置朝指定 BGP 对等体(组)分发路由时,将路径信息的下一跳设置为本 BGP Speaker

(三)MULTI-EXIT-DISC Attribute 相关配置

  BGP 使用 MULTI-EXIT-DISC,即 MED 值作为对从 EBGP Peers 学到的路径进行优先

级比较的依据之一,MED 值越小,路径优先级越高。缺省情况下,选择最优路径时,只对来自同一 AS 的对等体的路径比较 MED 值,如果希望允许比较来自不同 AS 的对等体的路径的 MED 值,可在 BGP 配置模式下执行表 1-15 命令。

表 1-15

命令	作用
Router (config-) # bgp always-compare-med	允许来自不同 AS 路径的 MED 值进行比较

缺省情况下,选择最优路径时,对来自 AS 联盟内部其他子 AS 的对等体的路径是不进行 MED 值比较的,如果希望允许比较来自 AS 联盟内部对等体的路径的 MED 值,可在 BGP 配置模式下执行表 1-16 命令。

表 1-16

命令	作用
Router(config-) # bgp best path med con-fed	允许来自 AS 联盟内部其他子 AS 的对等体的路径的 MED 值进行比较

缺省情况下,如果接收到未设置 MED 属性的路径,该路径的 MED 值被认为是 0。根据 MED 值越小,路径优先级越高的原则,该路径达到了最高的优先级。如果希望未设置 MED 属性的路径的优先级最低,可在 BGP 配置模式下执行表 1-17 命令。

表 1-17

命令	作用
Router (config-) # bgp best path med missing-as-worst	将未设置 MED 属性的路径的优先级设置为最低

缺省情况下,选择最优路径时,将根据接收到的路径的顺序进行比较。如果希望来自相同 AS 的对等体的路径先进行比较,在 BGP 配置模式下执行表 1-18 命令。

表 1-18

命令	作用
Router(config-) # bgp deterministic-med	允许来自相同 AS 的对等体的路径先进行比较,缺省情况下将按照路径接收顺序进行比较,后接收的路径先进行比较

(四)LOCAL_PREF Attribute 相关配置

BGP 使用 LOCAL_PREF 作为对从 IBGP Peers 学到的路径进行优先级比较的依据之一,LOCAL_PREF 值越大,路径优先级越高。BGP Speaker 将接收到的外部路由信息发送给 IBGP Peers 时会添加本地优先级属性,如果需要修改本地优先级属性,可在 BGP 配置模式下执行表 1-19 命令。

表 1-19

命令	作用
Router(config-)# bgp default local-preference value	改变缺省的本地优先级值。value 的范围为 0 ～ 4294967295,缺省值为 100

也可以通过 Route-map 的 set local-preference 命令修改指定路径的本地优先级属性。

(五)COMMUNITY Attribute 相关配置

COMMUNITY Attribute(团体属性)是能控制路由信息分发的一种方式。团体是一组目的地的集合,定义团体属性的作用是为了方便实施基于团体的路由策略,从而简化在 BGP Speaker 上控制路由信息分发的配置。每个目的地可以属于多个团体,AS 管理员可以定义一个目的地属于哪些团体。缺省情况下,所有的目的地都属于 Internet 团体,携带在路径的团体属性中。目前共预定义了四个公共的团体属性值。

(1)Internet:表示 Internet 团体,所有的路径都属于该团体。

(2)no-export:表示本路径不发布给 EBGP Peers。

(3)no-advertise:表示本路径不发布给任何一个 BGP Peers。

(4)local-as:表示本路径不发布到本 AS 外部,当配置联盟时,本路径不发布给其他的 AS 或子 AS。

通过团体属性,可以控制路由信息的接收、优先级和分发。

BGP 针对每一条路由最多支持 32 个团体属性,在配置 route-map 的 match 和 set COMMUNITY 时最多允许 32 个团体属性。BGP Speaker 可以在学习、发布或者重分发路由时,设置、添加或者修改团体属性值。在进行路由聚合时,聚合后的路径将包含所有被聚合的路径的团体属性值。要配置基于团体属性的路由信息的分发,在特权模式下,执行表 1-20 命令。

表 1-20

命令	作用
Router(config)# ip community-list standard community-list-name {permit | deny} community-number	(可选)创建团体列表。community-list-name:团体列表的名字。community-number:团体列表的具体值,可以是指定的一个值(1～4,294,967,295),也可以是知名的团体属性值(Internet、no-export、no-advertise、local-as)
Router(config)# ip routing	启用路由功能(如果为关闭的话)
Router(config)# bgp as-number	打开 BGP,配置本 AS 号,进入 BGP 配置模式
Router(config-)# neighbor {address | peer-group-name} send-community	(可选)配置允许朝指定 BGP 对等体(组)发送团体属性
Router(config-)# neighbor {address | peer-group-name} route-map map-tag {in | out}	(可选)配置同指定 BGP 对等体(组)收发路由信息时,根据 route-map 实施路由策略。在 route-map 配置模式下,可以使用 match community-list [exact]和 set community-list delete,通过团体列表对团体属性进行操作;也可以直接使用 set community 命令对团体属性值进行操作

（六）其他相关配置

缺省情况下,在选择最优路径过程中,如果接收到两条从不同 EBGP Peers 接收来的所有路径属性都相同的路径,则根据接收的顺序选择最优路径。可以通过配置表 1-21 命令,选择 ID 更小的路径为最优路径。

表 1-21

命令	作用
Router（config-）# bgp best path compare-id	允许 BGP 进行最优路径选择时比较 ID

十、BGP 最优路径的选择

最优路径的选择是 BGP 一个很重要的环节,下面将详细描述 BGP 最优路径的选择过程。如果路由表项无效,那么不参与最优路径的选择;否则,将有多种选择方式。

① 选择 LOCAL_PREF 属性值高的路由;

② 选择由本 BGP Speaker 生成的路由,本 BGP Speaker 生成的路由包括 network 命令、redistribute 命令和 aggregate 命令生成的路由;

③ 选择 AS 长度最短的路由;

④ 选择 ORIGIN 属性值最低的路由;

⑤ 选择 MED 值最小的路由;

⑥ 选择 EBGP 路径优先级高于 IBGP 路径和 AS 联盟内的路由,IBGP 路径和 AS 联盟内的路由的优先级同样高;

⑦ 选择到达下一跳的 IGP metric 最小的路由;否则,从 EBGP 路由中,选择接收较早的路由;

⑧ 选择公告该路由的 BGP Speaker 的 ID 小的路由;

⑨ 选择群(cluster)长度大的路由;

⑩ 选择邻居地址大的路由。

十一、配置 BGP 的路由聚合

BGP-4 支持 CIDR,所以允许创建聚合表项,以减小 BGP 路由表的大小。当然,只有当聚合范围内存在有效的路径时,才能将 BGP 聚合表项添加到 BGP 路由表中。如果要配置 BGP 路由聚合,可在 BGP 配置模式下执行表 1-22 命令。

表 1-22

命令	作用
Router（config-）# aggregate-address address mask	(可选)配置聚合地址
Router（config-）# aggregate-address address mask as-set	(可选)配置聚合地址,并保留聚合地址范围内路径的 AS 路径信息

命令	作用
Router（config-）# aggregate-address address mask summary-only	（可选）配置聚合地址，并只公告聚合后的路径
Router（config-）# aggregate-address address mask as-set summary-only	（可选）配置聚合地址，在保留聚合地址范围内路径的 AS 路径信息的同时，只公告聚合后的路径

十二、配置 BGP 的路由反射器

为了加快路由信息的收发，通常一个 AS 内的所有 BGP Speaker 将建立全连接关系（BGP Speaker 两两建立邻接关系）。当 AS 内的 BGP Speaker 数量过多，将增加 BGP Speaker 的资源开销，同时给网络管理员增加配置任务的工作量和复杂度，也会降低网络的扩张性能。对此，可采用路由反射器和 AS 联盟两种方法来减少 AS 内 IBGP 对等体的连接数量。

路由反射器是一种减少 AS 内 IBGP 对等体连接数量的方法。将一台 BGP Speaker 设置为路由反射器，其将本 AS 内的 IBGP 对等体分为两类：客户端和非客户端。在 AS 内实现路由反射器，其规则如下：

配置路由反射器，并指定其客户端，路由反射器和其客户端形成一个群。路由反射器和客户端之间建立连接关系。一个群内路由反射器的客户端不应该同群外的其他 BGP Speakers 建立连接关系。在 AS 内，非客户端的 IBGP 对等体之间建立完全连接关系，这里的非客户端的 IBGP 对等体包括以下几种情况：一个群内的多个路由反射器之间；群内的路由反射器和群外不参与路由反射器功能的 BGP Speaker（通常这些 BGP Speakers 不支持路由反射器功能）之间；群内的路由反射器和其他群的路由反射器之间。路由反射器接收到一条路由信息的处理规则如下：

（1）从 EBGP Speaker 接收到的路由更新，将发送给所有的客户端和非客户端。

（2）从客户端接收到的路由更新，将发送给其他客户端和所有非客户端。

（3）从 IBGP 非客户端接收到的路由更新，将发送给其所有客户端。

要配置 BGP 路由反射器，可在 BGP 配置模式下执行表 1-23 命令。

表 1-23

命令	作用
Router（config-）# neighbor {address | peer-group-name} route-reflector-client	配置路由反射器，并指定其客户端
Router（config-）# bgp cluster-id cluster-id	配置路由反射器所在群的群 ID
Router（config-）# no bgp client-to-client reflection	取消客户端之间的路由反射

十三、配置 BGP 的路由衰减

路由在有效和无效之间来回变化时，称为路由振荡。路由振荡会引起不稳定的路由在网络中传播，从而引起网络的不稳定。BGP 路由衰减是一种减少路由振荡的方法，其通过监控来自 EBGP Peers 的路由信息来减少路由振荡。

BGP 的路由衰减使用如下术语。

（1）路由振荡（route flap）：路由在有效和无效之间来回变化。

（2）惩罚值（penalty）：对每一次路由振荡，启动路由衰减的 BGP Speaker 都会为该路由增加一次惩罚。

（3）次惩罚值：该值累计直到超过抑制上限。

（4）抑制上限（suppress limit）：当路由的惩罚值超过该值时，路由被抑制。

（5）半衰期（half-life-time）：惩罚值减为一半时所需要的时间。

（6）重新启用值（reuse limit）：当路由的惩罚值低于该值时，路由抑制解除。

（7）最大抑制时间（max-suppress-time）：路由能被抑制的最长时间。

路由衰减处理的简单描述是，对每一次路由振荡，BGP Speaker 都会对该路由进行一次惩罚（累加到惩罚值中），当惩罚值达到抑制上限时，路由将被抑制。在半衰期到达时，惩罚值减为一半。当惩罚值减到重新启用值时，路由重新被激活。路由被抑制的最长时限为最大抑制时间值。

要配置 BGP 的路由衰减，需在 BGP 配置模式下执行表 1-24 命令。

表 1-24

命令	作用
Router(config-)♯ bgp dampening	启动 BGP 路由衰减
Router(config-)♯ bgp dampening half-life-time reuse suppress max-suppress-time	（可选）配置路由衰减的参数值 half-life-time（1～45 minutes），缺省 15 minutes； reuse（1～20000），缺省 750； suppress（1～20000），缺省 2000； max-suppress-time（1～255 minutes），缺省为 4×half-life-time
Router♯ show ip bgp dampening flap-statistics	（可选）显示所有路由的振荡统计信息
Router♯ show ip bgp dampening damp-ened-paths	（可选）显示被抑制的统计信息
Router♯ clear ip bgp flap-statistics	（可选）清除所有未被抑制路由的振荡统计信息
Router♯ clear ip bgp flap-statistics address mask	（可选）清除指定路由的振荡统计信息（不包括被抑制的路由）
Router♯ clear ip bgp dampening [address [mask]]	（可选）清除所有路由的振荡统计信息，对于被抑制路由解除抑止

十四、配置 BGP 的管理距离

管理距离表示一个路由信息源的可信度，其范围是 1～255，管理距离的值越大，其可信度越低。BGP 对学到的路由信息的不同来源设定不同的管理距离，分为 External-distance、Internal-distance 和 Local-distance 三类。

（1）External-distance：从 EBGP Peers 学到的路由的管理距离。

（2）Internal-distance：从 IBGP Peers 学到的路由的管理距离。

（3）Local-distance：从 Peers 学到，但被认为存在可以从 IGP 学到更优的路由的管理距离，通常这些路由通过 network backdoor 命令表示。

要修改 BGP 的管理距离，可在 BGP 配置模式下执行表 1-25 命令。

表 1-25

命令	作用
Router（config-）# distance bgp external-distance internal-distance local-distance	配置 BGP 的管理距离，distance 的范围为 1～255

![任务实施]

一、IBGP 实训

1. 实训目标

（1）SW1、R2、SW3 为 AS123，SW1—R2 建立 IBGP 对等体关系，R2—SW3 建立 IBGP 对等体关系。

（2）通过 IBGP 把路由信息通告给对等体。

2. 实训环境

IBGP 实训环境见图 1-1。

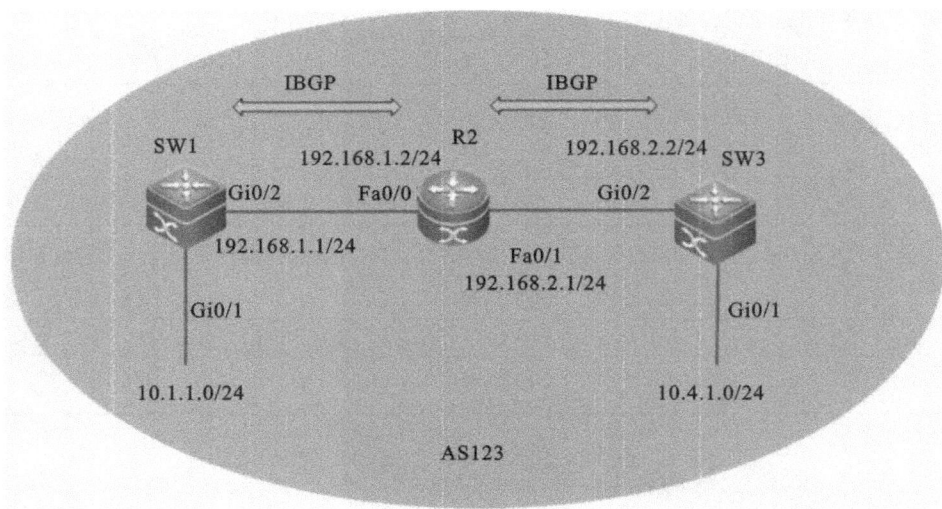

图 1-1　IBGP 实训环境

3. 实训步骤

(1)全网基本 IP 地址配置。

Switch(config)♯ hostname SW1

SW1(config)♯ interface GigabitEthernet 0/2

SW1(config-if-GigabitEthernet 0/2)♯ no switchport

SW1(config-if-GigabitEthernet 0/2)♯ ip address 192.168.1.1 255.255.255.0

SW1(config-if-GigabitEthernet 0/2)♯ exit

SW1(config)♯ interface GigabitEthernet 0/1

SW1(config-if-GigabitEthernet 0/1)♯ no switchport

SW1(config-if-GigabitEthernet 0/1)♯ ip address 10.1.1.1 255.255.255.0

SW1(config-if-GigabitEthernet 0/1)♯ exit

SW1(config)♯ interface loopback 0   //配置 Loopback 0 接口的地址作为 BGP 的更新源地址

SW1(config-if-Loopback 0)♯ ip address 1.1.1.1 255.255.255.255

SW1(config-if-Loopback 0)♯ exit

Switch(config)♯ hostname R2

R2(config)♯ interface GigabitEthernet 0/2

R2(config-if-FastEthernet 0/0)♯ ip address 192.168.1.2 255.255.255.0

R2(config-if-FastEthernet 0/0)♯ exit

R2(config)♯ interface FastEthernet 0/1

R2(config-if-FastEthernet 0/1)♯ ip address 192.168.2.1 255.255.255.0

R2(config-if-FastEthernet 0/1)♯ exit

R2(config)♯ interface Loopback 0

R2(config-if-Loopback 0)♯ ip address 2.2.2.2 255.255.255.255

R2(config-if-Loopback 0)♯ exit

Switch(config)♯ hostname SW3

SW3(config)♯ interface GigabitEthernet 0/1

SW3(config-if-GigabitEthernet 0/1)♯ no switchport

SW3(config-if-GigabitEthernet 0/1)♯ ip address 10.4.1.1 255.255.255.0

SW3(config-if-GigabitEthernet 0/1)♯ exit

SW3(config)♯ interface GigabitEthernet 0/2

SW3(config-if-GigabitEthernet 0/2)♯ no switchport

SW3(config-if-GigabitEthernet 0/2)♯ ip address 192.168.2.2 255.255.255.0

SW3(config-if-GigabitEthernet 0/2)♯ exit

SW3(config)♯ interface Loopback 0

SW3(config-if-Loopback 0)♯ ip address 3.3.3.3 255.255.255.255

SW3(config-if-Loopback 0)♯ exit

(2)全网路由启用 OSPF,并把对应接口通告到 OSPF 进程,使全网的 Loopback 接口可达。

SW1(config)♯ ospf 1

SW1(config-)♯network 192.168.1.1 0.0.0.0 area 0

SW1(config-)♯network 1.1.1.1 0.0.0.0 area 0

SW1(config-)♯exit

R2(config)♯ ospf 1

R2(config-)♯network 192.168.1.2 0.0.0.0 area 0

R2(config-)♯network 2.2.2.2 0.0.0.0 area 0

R2(config-)♯exit

SW3(config)♯ ospf 1

SW3(config-)♯network 192.168.2.2 0.0.0.0 area 0

SW3(config-)♯network 1.1.1.1 0.0.0.0 area 0

SW3(config-)♯exit

（3）配置 IBGP 对等体。

注意：

若 BGP 对等体的 AS 号与自己的 AS 号一致，则建立的是 IBGP 对等体关系；若 BGP 对等体的 AS 号与自己的 AS 号不一致，则建立的是 EBGP 对等体关系。

SW1(config)♯ bgp 123　//启用 BGP 进程，AS 号为 123

SW1(config-)♯neighbor 2.2.2.2 remote-as 123　//指定 BGP 对等体地址及对等体的 AS 号

SW1(config-)♯neighbor 2.2.2.2 update-source loopback 0　//配置 BGP 的更新源地址

SW1(config-)♯exit

R2(config)♯bgp 123

R2(config-)♯neighbor 1.1.1.1 remote-as 123

R2(config-)♯neighbor 1.1.1.1 update-source loopback 0

R2(config-)♯neighbor 3.3.3.3 remote-as 123

R2(config-)♯neighbor 3.3.3.3 update-source loopback 0

R2(config-)♯exit

SW3(config)♯bgp 123

SW3(config-)♯neighbor 2.2.2.2 remote-as 123

SW3(config-)♯neighbor 2.2.2.2 update-source loopback 0

SW3(config-)♯exit

（4）将路由通告到 BGP 进程。

注意：

network 命令，在 BGP 模式下是将哪些路由通告到 BGP 进程，并对哪些接口启用 BGP（与 RIP 和 OSPF 的含义是不一样的）。network 命令通告的路由，必须本地 show ip route 有这条路由，且掩码与 mask 参数的掩码一致，才能通告到 BGP 进程。

SW1(config)♯bgp 123

SW1(config-)♯network 10.1.1.0 mask 255.255.255.0

SW1(config-)♯exit

SW3(config)♯bgp 123

SW3(config-)♯network 10.4.1.0 mask 255.255.255.0

SW3(config-)♯exit

二、EBGP 实训

1. 实训目标

(1)SW1 为 AS1,R2 为 AS2,SW1—R2 建立 EBGP 对等体关系。

(2)通过 EBGP 把路由信息通告给对等体。

2. 实训环境

EBGP 实训环境见图 1-2。

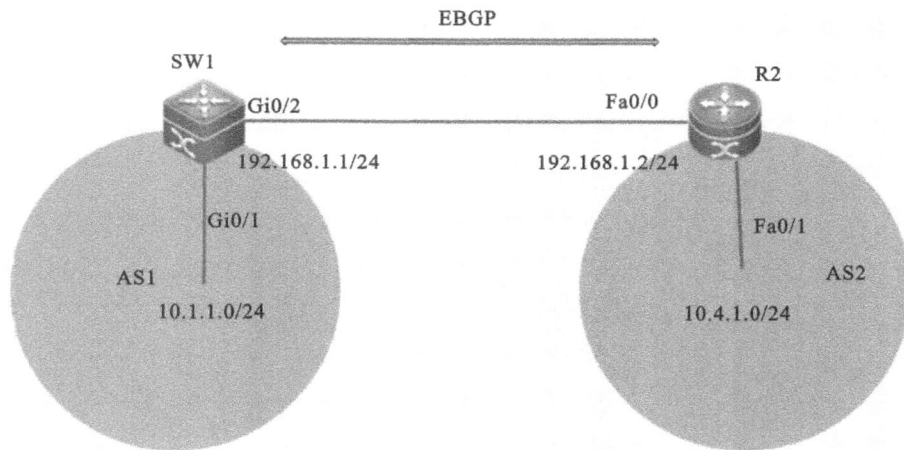

图 1-2 EBGP 实训环境

3. 实训步骤

(1)全网基本 IP 地址配置。

Switch(config)♯hostname SW1

SW1(config)♯interface GigabitEthernet 0/2

SW1(config-GigabitEthernet 0/2)♯no switchport

SW1(config-GigabitEthernet 0/2)♯ip address 192.168.1.1 255.255.255.0

SW1(config-GigabitEthernet 0/2)♯exit

SW1(config)♯interface GigabitEthernet 0/1

SW1(config-GigabitEthernet 0/1)♯no switchport

SW1(config-GigabitEthernet 0/1)♯ip address 10.1.1.1 255.255.255.0

SW1(config-GigabitEthernet 0/1)♯exit

Router(config)♯hostname R2

R2(config)♯interface FastEthernet 0/0

R2(config-if-FastEthernet 0/0)♯ip address 192.168.1.2 255.255.255.0

R2(config-if-FastEthernet 0/0)♯exit

R2(config)♯interface FastEthernet 0/1

R2(config-if-FastEthernet 0/1)♯ip address 10.4.1.1 255.255.255.0

R2(config-if-FastEthernet 0/1)♯exit

(2)配置 EBGP 对等体。

SW1(config)♯routerbgp 1

SW1(config-router)♯neighbor 192.168.1.2 remote-as 2

SW1(config-router)♯exit

R2(config)♯routerbgp 2

R2(config-router)♯neighbor 192.168.1.1 remote-as 1

R2(config-router)♯exit

(3)将路由通告到 BGP 进程。

SW1(config)♯routerbgp 1

SW1(config-router)♯network 10.1.1.0 mask 255.255.255.0

SW1(config-router)♯exit

R2(config)♯routerbgp 2

R2(config-router)♯network 10.4.1.0 mask 255.255.255.0

R2(config-router)♯exit

任务拓展

1.实训目标

(1)配置四台路由器 R1、R2、R3 和 R4 接口,使其连通,并创建环回接口。

(2)在 R1 上启用路由协议 OSPF 100,再在 R1 上启用 BGP,并在 R1 与 R2 和 R3 之间建立 IBGP 且起源地址设为 loopback 0。

(3)在 R2 上启用路由协议 OSPF 100,再在 R2 上启用 BGP,并在 R2 与 R1 和 R3 之间建立 IBGP 且起源地址设为 loopback 0。

(4)在 R3 上启用路由协议 OSPF 100,再在 R3 上启用 BGP,并在 R3 与 R1 和 R2 之间建立 IBGP 且起源地址设为 loopback 0。

（5）在 R4 上创建 EBGP 对等体 R3，再把 R4 上的四个环回接口通告到 BGP 进程。

2. 实训环境

任务拓展实训环境见图 1-3。

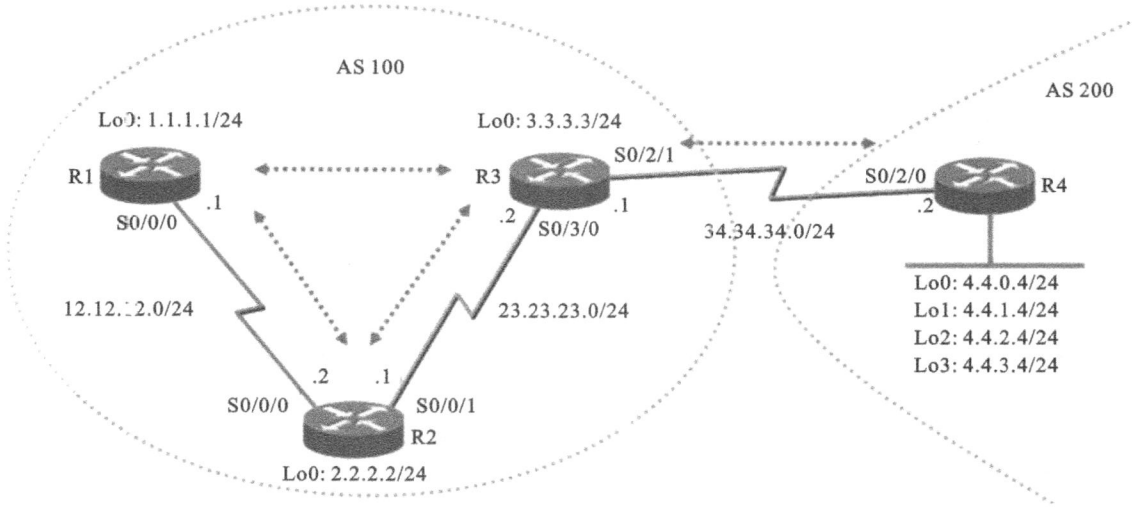

图 1-3　任务拓展实训环境

任务二　IPSec VPN

◆ 知识目标

❑ 了解 VPN 的工作原理。

❑ 掌握 IPSec VPN 的主要配置方法。

◆ 能力目标

❀ 熟练掌握基于 IPSec 的 VPN 配置命令。

❀ 学会运用 IPSec VPN 方法来实现两个远程网络间的安全通信。

◆ 任务描述

某公司总公司位于深圳,在北京、上海、广州三地设有分公司。现需要组建一个网络,要求实现各分公司都能够访问公司内部邮件服务器和文件服务器,并且实现数据包完整性检查、加密等功能,同时要求避免窃听、伪装、中间人等网络攻击。

知识储备

一、安全协议概述

(一)数据加密

在无保护的网络上传输的数据对于各种形式的攻击都无法防范。数据在途经某一个设备时,可以被任何访问此设备的人读取、改写或伪造。例如,协议分析工具(如 sniffer)可以读取数据包并获得秘密信息。在组织内部,敌对派可以篡改数据包,并且通过干扰、削减或阻止网络通信进行破坏活动。所以,在传送秘密、机密和紧急数据时,对数据进行加密是非常重要的。

要确保数据在无保护的网络中安全传输,可使用 IPSec 及 IKE 协议。

IPSec 协议是由 IETF(Internet Engineering Task Force,Internet 工程任务组)开发的一种开放标准框架,它在网络层起作用,对提供 IPSec 协议服务的设备之间的通信提供加密保护和验证。IPSec 对于 IP 层以上的数据可以全部或部分地进行保护,它提供了如下可选的安全服务:数据保密、数据完整、数据源验证和抗重播,这些功能使数据在网络上传输时不会被监视、篡改和伪造。

IKE 是一种密钥管理协议标准,需要与 IPSec 一起使用。IKE 活动在 UDP 层上,提供安全的密钥交换和管理机制。虽然 IPSec 可以单独使用,但 IKE 能使 IPSec 更灵活、更易于配置,且有更高的安全性。

(二)加密标准

(1)IPSec:规定了一套安全体系架构,在 IPSec 实体之间提供数据保密性、完整性和数据验证服务。它可以为主机之间、子网之间及安全网关之间的一条和多条数据流提供保护。

(2)AH:一种提供数据认证服务和抗重播服务的安全协议。

(3)ESP:一种提供数据加密服务和可选的数据认证服务以及抗重播服务的安全协议。

(4)DES:一种加密算法,采用 64 bits 密钥对数据包进行加密(有效位为 56 bits)。

(5)3DES:一种加密算法,采用 192 bits 密钥对数据包进行加密(有效位为 168 bits)。

(6)AES:一种对称分组密码算法,算法输入 128 位数据,密钥长度也是 128 bits。AES 作为新一代的数据加密标准,汇聚了安全性强、性能优、效率高、易用和灵活等优点。

(7)SM1:使用 128 bits 分组的一种对称密码算法,用于密钥协商数据的加密保护和报文数据的加密保护。该算法的工作模式为 CBC 模式。

(8)NULL:零加密算法,不对数据包加密,仅封装数据。

(9)MD5-HMAC:又称消息摘要算法版本 5,一种 HASH 算法,用来验证分组数据,保证数据不被修改。

（10）SHA-HMAC：又称安全 HASH 算法，一种 HASH 算法，用来验证分组数据，保证数据不被修改。

（11）IKE：该协议在 ISAKMP（Internet Security Association and Key Management Protocol，因特网安全联盟及密钥管理协议）框架内实现了 Oakley 和 SKEME 密钥交换协议，提供 IPSec 端点认证服务、IPSec 参数协商服务以及密钥交换服务。

（12）ISAKMP：定义了数据交换中有效载荷的格式和参数及密钥协商方式。

（13）Diffie-Hellman：一种公钥加密协议，使参与交换的双方在不安全的通道上建立共享秘密。

（三）术语解释

（1）抗重播：一种安全性服务，使得接收者可以拒绝接收过时的数据包或者重复发送的数据包，以保护自己不被攻击。适用于 IKE 协议所提供的认证服务。

（2）数据验证：包括以下两个概念。

① 数据完整性验证：检查数据是否被修改过。

② 数据来源验证：检查数据是否真的是由声称的发送者发送的。

（3）数据保密性协议：保护数据不被窥探的安全性协议。

（4）数据流：即特定的通信数据，由一个源地址/掩码、目标地址/掩码、IP 的下一个协议域、源和目标端口标识。协议和端口域可以用 any 来指定。这样，所有匹配上述条件的某个特定联盟的通信都被称为一个数据流。一个数据流可能代表两个主机之间的一条 TCP 连接，也可能代表两个子网间的所有通信。

（5）对等体：参与 IPSec 的设备或其他设备。

（6）安全联盟（Security Association，SA）：为特定数据流提供安全服务的一个逻辑连接，这个安全服务的参数包括特定的安全协议、安全算法、密钥及数据流描述。有 IPSec 安全联盟和 IKE 安全联盟两种，IPSec 安全联盟对数据提供 IPSec 保护功能，既可以由用户手动配置建立连接，又可以由 IKE 协商建立连接；IKE 安全联盟用于保护 IKE 的协商数据。

（7）安全参数索引（Security Parameters Index，SPI）：是一个 32 bits 的整数、一个目的 IP 地址和一个安全协议类型一起形成的安全联盟的唯一标识。当使用 IKE 来建立安全联盟时，每个安全联盟的 SPI 值都是一个伪随机的继承的数字。如果不使用 IKE，则可手动为每个安全联盟指定 SPI 值。

（8）安全联盟生命期：安全联盟的有效期，手动方式建立起来的安全联盟没有生命期，也就是说是永久使用的，直到用户手动将其删除为止；IKE 协商的安全联盟的生命期是与对端 IKE 实体协商出来的，安全联盟生命一旦到期就会被删除，IKE 将重新协商新的安全联盟。

（9）变换集：变换集描述了由安全协议（AH 或 ESP）和算法组成的安全套件。例如，某变换集定义使用 ESP 协议和 DES 加密算法。

（10）加密映射条目：加密映射条目将变换集和数据流联系起来，并描述了对端的地址以及通信必要参数，它完整地描述了与远端对等体的 IPSec 通信所需的内容。只有通过加密映射条目，才能建立 IPSec 安全联盟。

现阶段，IPSec 只能用于单点传送 IP 数据包。因为 IPSec 工作组还没有从事组密钥发布的工作，IPSec 目前不支持多点传送或广播 IP 数据包。

如果设备使用 NAT,那么应该配置静态 NAT 来使 IPSec 正常工作。NAT 必须在设备封装 IPSec 之前进行,即 IPSec 应该使用公网 IP 地址。

二、IPSec 配置

(一)IPSec 工作过程概述

IPSec 为两个 IPSec 对等体,如两台设备,提供安全通道。由用户定义哪些是需要保护,并将由安全通道进行传送的敏感数据流,并且通过指定这些通道的参数来定义用于保护这些敏感数据包的参数,当 IPSec 看到这样的一个敏感数据包时,它将建立起相应的安全通道,通过这条安全通道将这个数据包传送到远端对等体。

定义敏感数据流的工作可以由配置访问列表的方式来实现,基于访问列表中的源目的地址和协议以及端口来描述要保护的敏感数据流。配置好访问列表,使用加密映射集将这些访问列表应用到接口上,可以使接口对进出的特定数据流进行保护。

一个加密映射集合可以有多个条目,每一个条目对应一个不同的访问列表,设备按顺序查找与当前通信流匹配的条目(设备试图将数据包和在条目中指定的访问列表相匹配)。当某个数据包匹配特定访问列表中的一个 permit 项时,如果加密映射条目被标记为 ipsec-manual,则 IPSec 直接被触发,对数据流进行安全处理;如果加密映射条目标记为 ipsec-isakmp,如 IPSec 安全联盟已经建立,则直接对数据进行 IPSec 保护,否则会自动触发 IKE 协议产生 IPSec 的安全联盟。如果用户没有正确配置 IPSec 或 IKE 参数,将导致安全联盟无法建立,数据包将丢失。

安全联盟一旦建立,外出数据包将被 IPSec 加密或填写验证信息后送出,被传递到对等体;对于对等体而言该数据包为进入包,对等体将查找对应的安全联盟,并对此包实施相应解密、验证后还原。

加密映射条目还指定了变换集,变换集中定义了 IPSec 采用的算法、协议模式等的组合。

两个 IPSec 对等体必须最终采用一致的变换集,才能进行有效的通信(图 2-1)。

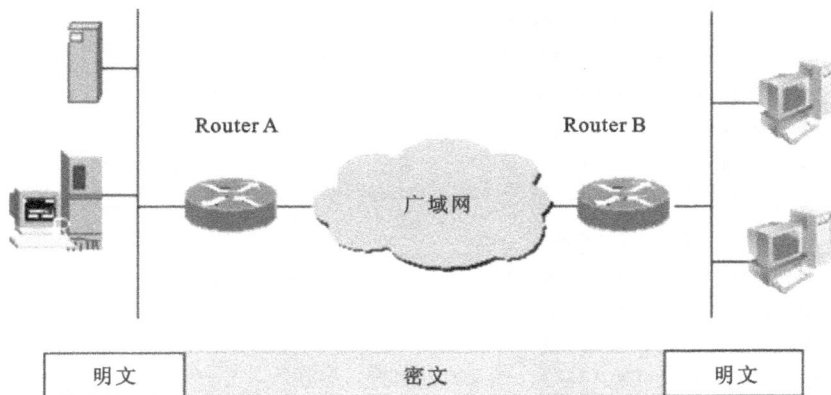

图 2-1　在子网间实施 IPSec 保护

（二）IPSec 配置任务

IPSec 配置任务的最终目的是建立 IPSec 安全联盟，IPSec 安全联盟可以由手动方式建立也可以由 IKE 协商建立。手动配置无须 IKE 介入，但需要指定更多的参数，安全性较低；IKE 协商安全联盟除了对 IPSec 参数进行配置外还会对 IKE 参数进行配置，安全性较高。

IPSec 配置包括以下任务。

配置默认生命周期（可选）：可以通过这条命令来修改系统默认的生命周期值。若无特别说明，IKE 将采用该生命周期值进行协商，从而使 IPSec 的生命周期不超过默认生命周期的长度。

配置隧道空闲自动断线（可选）：在指定隧道配置的时间范围内，没有报文流量，隧道自动断开。

IPSec 隧道的 DF bit 覆盖功能：设置 IPSec 封装的 IP 报文是否允许分片。

创建加密访问列表：配置加密访问列表就是告诉设备，要保护什么样的数据流。IPSec 需要依靠加密访问列表对进出的数据包进行过滤，对匹配的外出数据包进行 IPSec 保护，而对匹配的进入数据包则检查它的合法性。

定义变换集合：定义变换集合可以告诉设备，怎样保护数据流。变换集合是特定安全协议和算法的组合，它指定了算法、安全协议和数据封装模式。用户需要对数据进行哪种程度和要求的保护必须事先定义对应的变换集合。

创建加密映射条目：创建加密映射条目就是将先前定义的访问列表和变换集合关联起来，并定义密钥和对等体地址，形成一套完整的 IPSec 方案描述。

配置组播策略：关闭对组播、广播报文的 IPSec 封装处理。

将加密映射条目应用到接口上：这是一个激活定义 IPSec 方案的动作，将加密映射条目应用到接口上使加密映射集合在接口上开始工作。

创建 Profile 加密映射条目：定义动态多点 VPN 的 IPSec 加密策略。

将 Profile 加密映射条目应用到 Tunnel 接口上：激活动态多点 VPN 的 IPSec 功能。

配置扩展认证的身份认证方式：用于扩展认证时的身份验证。

配置 IPSec 数据包过滤：解除封装后的报文不再进行数据包过滤处理。

配置 IPSec MIB：发送 IPSec 监控信息到 SNMP 服务端，以监控 IPSec 当前的状态，IPSec MIB 需要命令打开，默认情况下不开启。

监视和维护 IPSec：查看和调整 IPSec 参数，确定 IPSec 是否正常工作。

1．配置默认生命周期

要配置默认生命周期，需在全局配置模式或特权模式下，执行表 2-1 命令。

表 2-1

命令	作用
Router(config)# crypto ipsec security-association lifetime seconds seconds	改变 IPSec SA 的全局生命周期时间限制。此命令将引起在超过指定的秒数以后，安全联盟超时

命令	作用
Router(config)♯ crypto ipsec security-association lifetime kilobytes kilobytes	改变 IPSec SA 的全局通信量生命周期。此命令将引起在使用这条安全联盟由 IPSec 保护传输完指定量的通信(以 kilobytes 计算)以后,安全联盟超时
Router♯ clear crypto sa Or:Router♯ clear crypto sa peer {ip-address|peer-name} Or:Router♯ clear crypto sa map map-name	清除现有的安全联盟。此命令将引起所有现存的安全联盟立即中断;以后的安全联盟将使用新的生命周期,否则,所有现存的安全联盟将依据原来配置的生命周期超时

系统缺省的生命周期为通信 1h(3600s)或通信量达到 4608000KB(以每秒 10GB 的速度持续通信 1h),如果用户能接受缺省值,可以跳过此步骤。加密映射条目中若没有特别说明,则将采用此默认生命周期。IKE 在协商 IPSec 的生命周期时,取本地与对等体中的较小值。当 IPSec 安全联盟的生命到期时,IKE 将重新协商并为 IPSec 的安全联盟更换一套新的参数以及密钥,使其重新开始工作。

安全联盟(以及相关密钥)依据最先到期的生命周期超时:使用秒数(由 seconds 关键字指定)或传输通信量的千字节数(由 kilobytes 关键字指定)。手动建立的安全联盟(由标识为 ipsec-manual 的加密映射条目所建立)没有生命周期限制。

为了保证当原有安全联盟到期时,新安全联盟已经准备好交付使用,新安全联盟必须在原有安全联盟超时前被协商。新安全联盟在生命周期到期前 30s,或当通过这条通道的通信量离生命周期还差 256KB 时(依据哪个对等体先达标)被协商。

2.配置全局隧道空闲自动断线

要配置全局隧道空闲自动断线,需在全局配置模式或特权模式下执行表 2-2 命令。

表 2-2

命令	作用
Router(config)♯ crypto ipsec security-association idle-time sec	指定全局隧道空闲断线时间,单位为 s,范围为 60～86400

3.设置 IPSec 隧道的 DF bit 值

DF bit 覆盖功能允许客户指定设备是否清 0、置 1、拷贝被封装的头。

IP 头上的 DF bit 决定设备是否可以分片,值为 1 时表示该报文不允许分片;为 0 则表示可以分片。IPSec 隧道模式下这个功能使得设备在全局或接口层上可以控制经过 IPSec 封装的报文 IP 头的 DF bit 是否根据原始的 IP 头的 DF bit 值而定。这个特征只有隧道模式才能支持。

要配置所有接口的 DF bit 值,需在全局配置模式下执行表 2-3 命令。

表 2-3

命令	作用
Router（config）# crypto ipsec df-bit [clear|set|copy]	在隧道模式下对全部接口的 IP 外部头进行 DF bit 值设置

下列例子中，设备在全局配置模式下清除 DF bit，在 FastEthernet0/0 拷贝 DF bit 。这样，除 FastEthernet0/0 外的其他接口都允许大于 mtu 尺寸的包发送（分片发送），而 FastEthernet0/0 必须根据原来 IP 头中的 DF bit 决定是否允许设备分割包。

```
crypto isakmp policy 1
hash md5
authentication pre-share
crypto isakmp key 0 DELaware address 192.168.10.66
crypto isakmp key 0 Key-What-Key address 192.168.11.19
!
!
crypto ipsec transform-set BearMama ah-md5-hmac esp-des
crypto ipsec df-bit clear
!
!
crypto map armadillo 1 ipsec-isakmp
set peer 192.168.10.66
set transform-set BearMama
match address 101
!
crypto map basilisk 1 ipsec-isakmp
set peer 192.168.11.19
set transform-set BearMama
match address 102
!
!
interface FastEthernet0/0
ip address 192.168.10.38 255.255.255.0
ip broadcast-address 0.0.0.0
crypto map armadillo
crypto ipsec df-bit copy
!
interface FastEthernet0/1
ip address 192.168.11.75 255.255.255.0
ip broadcast-address 0.0.0.0
```

crypto map basilisk

!

4.创建加密访问列表

加密访问列表用于定义哪些数据流要被加密保护,哪些不要被加密保护。例如,可以创建加密访问列表来保护子网 A(192.168.202.0/24)和子网 B(192.168.12.0/24)的所有 IP 通信(访问列表 120),或主机 A 和主机 B 之间的 IP 通信(访问列表 101):

access-list 120 permit ip 192.168.12.0 0.0.0.255 192.168.202.0 0.0.0.255

access-list 101 permit ip host 2.2.2.2 host 2.2.2.1

IPSec 加密映射条目指定的加密访问列表有以下四个主要功能:

(1)筛选使用 IPSec 进行加密保护的出站通信(permit 意为保护)。

(2)当开始协商 IPSec 安全联盟时,指定什么样的数据流由新的安全联盟进行保护(由一条单独的 permit 条目指出)。

(3)处理入站通信,其目的是过滤和丢弃那些本应受到 IPSec 保护而没有被保护的通信。

(4)在处理 IPSec 对等体发起的 IKE 协商时,决定是否接受代表所申请数据流的 IPSec 安全联盟申请(只有 ipsec-isakmp 加密映射条目需要协商)。必须确保两端对等体的访问列表匹配,建议用户将两端对等体访问列表配置成一致。

要配置加密访问列表,需在全局配置模式下执行表 2-4 命令。

表 2-4

命令	作用
Router(config)# access-list access-list-number {deny | permit} protocol source source-wildcard destination destination-wild-card [log]	从数据流的源目的地址及其通配符、通信协议和通信端口来描述数据流

使用 permit 关键字将使得满足指定条件的所有 IP 通信都受到相应加密映射条目中描述策略的加密保护。使用 deny 关键字可以防止通信受到特定加密映射条目的加密。

应避免使用 any 关键字,它会使大量的广播信息被丢弃,导致设备无法正常工作。加密访问列表不是专门为 IPSec 设计和使用的,IPSec 使用 IP 扩展访问列表,因此这里 access-list-number 取值为 100~199。如果没有定义端口,则该加密访问列表对数据流可以正向使用也可以反向使用。

例如,对子网 A(192.168.12.0/24)和子网 B(192.168.10.0/24)之间的 IP 通信进行保护时,设备应定义如下访问列表:

access-list 101 permit ip 192.168.12.0 0.0.0.255 192.168.10.0 0.0.0.255

例如,对子网 A(192.168.12.0/24)和主机 C(202.101.11.3)之间的 TCP 通信进行保护时,设备应定义如下访问列表:

access-list 120 permit tcp 192.168.12.0 0.0.0.255 202.101.11.3 0.0.0.0

如果定义了端口过滤,则加密访问列表中的目的地址为提供该端口的服务方。

例如,保护主机 D(1.1.1.1)和主机 E(2.2.2.2)之间的 telnet 通信时,其中主机 E 提供 telnet 服务,则设备应定义如下访问列表:

access-list 133 permit tcp 1.1.1.1 0.0.0.0 2.2.2.2 0.0.0.0 eq telnet

5. 定义变换集合

变换集合是特定安全协议和算法的组合。在 IPSec 安全联盟协商期间,对等体一致使用一个特定的变换集合来保护特定的数据流。抗重播开关对于手动建立的安全联盟对等体之间不存在协商过程,所以双方必须指定相同的变换集合。如果改变变换集合的定义,那么此改变对现存的安全联盟不会立即生效,将被应用于随后建立新安全联盟的协商中。如果想让这些新的设置马上生效,可以通过使用 clear crypto sa 命令将安全联盟数据库部分或全部清除。

要定义变换集合,需在全局配置模式下执行表 2-5 命令。

表 2-5

命令	作用
Router(config) # crypto ipsec transform-set transform-set-name transform1 [transform2 [transform3]]	transform 参数是系统所支持的算法,算法可以进行一定规则的组合
Router(cfg-crypto-trans) # mode {tunnel | transport}(可选)	改变和变换集合相关联的模式。模式设置只对那些源和目标地址都是 IPSec 对等体的通信有用;对于其他通信无用(所有其他通信都在通道模式下进行)
Router(cfg-crypto-trans) # exit	结束加密变换配置模式
Router # clear crypto sa	清除现有的安全联盟以保证对变换集合的任何修改都能对随后建立的安全联盟生效(手动建立的安全联盟将立即被重新建立)

6. 配置 IPSec MIB

IPSec 的 MIB,涉及对数据流及加、解密数据包的统计,对 IPSec 数据通信的性能可能会有一定的影响。因此,IPsec 的 MIB 统计功能在默认情况下是关闭的。若需访问 IPSec 的 MIB 节点,需要在命令行通过 CLI 命令打开 IPSec MIB 功能(表 2-6)。

表 2-6

命令	作用
Router(config) # crypto mib enable	打开 IPSec MIB 的统计功能

7. 配置组播策略

ACL 配置范围内如果包含了组播和广播地址,默认情况下,会对该范围的报文进行 IP-Sec 封装处理。如果不想对组播和广播报文进行 IPSec 封装处理,可以通过配置命令来跳过 IPSec 封装(表 2-7)。

表 2-7

命令	作用
Router （config） # crypto ipsec multicast disable	关闭对组播、广播报文的 IPSec 封装处理

8. 创建加密映射条目

加密映射条目的配置内容包括以下几个方面：

① 哪些通信应该受到 IPSec 保护：关联已配置好的加密访问列表。

② 受 IPSec 保护的通信将被发送到哪里去：谁是远端 IPSec 对等体。

③ 用于 IPSec 通信的本地地址：将加密映射集合应用到接口上，IPSec 使用通信接口的地址作为本地对等体的地址。

④ 对这些通信应该应用哪些 IPSec 安全策略：从一个或多个变换集组成的列表中选择。

⑤ 安全联盟的生命期。

安全联盟被手动建立或通过 IKE 协商建立后，其中具有相同加密映射名（但映射序列号不同）的加密映射条目组成一个加密映射集合。将加密映射集合应用到接口上，这样所有通过这个接口的 IP 通信都将被应用在接口上的加密映射集合进行判断。如果一个加密映射条目发现了应该受到保护的出站 IP 通信，并且加密映射指定了使用 IKE，那么将根据该加密映射条目中所包含的参数与远端对等体进行安全联盟协商；如果加密映射条目指定了使用手动建立的安全联盟，那么一个安全联盟在进行配置时就必须已经被建立好了。无论 IKE 协商还是手动建立，只要安全联盟成功建立，数据都将被加密传输；如果安全联盟协商失败，则数据将被丢弃。在加密映射条目中描述的策略将在安全联盟的协商过程中被使用，为了使两个加密传输对等体之间的 IPSec 能够顺利进行，两个对等体的加密映射条目必须包含互相兼容的配置语句。当两个对等体试图建立安全联盟时，双方都必须至少有一条加密映射条目和对方对等体的一条加密映射条目兼容，且满足以下条件：

① 加密映射条目必须包含兼容的加密访问列表（如镜像映像访问列表）。

② 双方的加密映射条目都必须确定对方对等体地址（除非对等体正在使用动态加密映射）。

③ 加密映射条目必须至少有一个相同的变换。

对于单个接口只应用一个加密映射集合，而这个加密映射集合中应包含 IPSec/IKE 或 IPSec/手动条目的组合。如果为给定的接口创建多个加密映射条目，那么就要使用映射条目的 seq-num 参数将这些映射条目排序；seq-num 值越小，优先级越高。

如果存在下面几种情况中的一种，就必须为一个接口创建多个加密映射条目：

① 此接口上不同的数据流将由不同的 IPSec 对等体进行处理。

② 对不同类型的通信（发送相同或不同的对等体）应用不同的 IPSec 安全性，例如，想让一组子网间的通信被认证，而另一组子网间的通信既被认证又被加密，那么不同类型的通信应该在两个不同的访问列表中被定义，并且必须为每个加密访问列表创建一个单独的加密映射条目。

（1）手动方式创建安全联盟。

要手动创建安全联盟，需在开始的时候在全局配置模式下，执行表 2-8 命令。

表 2-8

命令	作用
Router（config）# crypto map map-name seq-num ipsec-manual	指定要创建或修改的加密映射条目，执行此命令将进入加密映射配置模式
Router（config-crypto-map）# match address access-list-id	为加密映射列表指定一个访问列表。这个访问列表决定了哪些通信应该受到此加密映射条目中定义的 IPSec 安全性的保护，哪些通信不应该受到 IPSec 的保护
Router（config-crypto-map）# set peer {hostname|ip-address}	指定远端 IPSec 对等体。受到 IPSec 保护的通信将被发送到这个对等体。当 IKE 不用时只能配置一个对等体
Router（config-crypto-map）# set transform-set transform-set-name	指定使用哪个变换集合，这个变换集合必须和远端对等体相应加密映射条目中所指定的一样
Router（config-crypto-map）# set session-key inbound ah spi hex-key-data	如果指定的变换集合包括 AH 协议，则要使用这条命令来为出站和入站的受保护通信设置 AH 安全参数索引（SPIs）和密码。这里本地的进站 SPI、协议和密钥要与远端对等体的出站 SPI、协议和密钥一致，反之亦然
Router（config-crypto-map）# set session-key inbound esp spi cipher hex-key-data [authenticator hex-key-data]	如果指定的变换集合包括 ESP 协议，那么就要使用这条命令来为出站和入站的受保护通信设置 ESP 安全参数索引和密码。如果变换集合包括 ESP 加密算法，就必须给出加密密钥。如果变换集合包括 ESP 验证算法，那么也必须给出验证密钥。这里本地的进站 SPI、协议和密钥要与远端对等体的出站 SPI、协议和密钥一致，反之亦然
Router（config-crypto-map）# set mtu length	设置隧道模式下预分片大小

重复以上步骤建立其他所需的加密映射条目。

下面是一个配置例子。

① 本地对等体（路由器 A）配置。

定义一个转换集合 myset：

crypto ipsec transform-set myset esp-des

定义一个手动映射集合 mymap：

crypto map mymap 3 ipsec-manual

set peer 2.2.2.2

set session-key inbound esp 301 cipher abcdef1234567890

set session-key outbound esp 300 cipher abcdef1234567890

set transform-set myset

match address 101

!

access-list 101 permit ip 192.168.12.0 0.0.0.255 192.168.202.0 0.0.0.255

② 远程对等体(路由器 B)配置。

定义一个变换集合 myset：

crypto ipsec transform-set myset esp-des

定义手动映射集合 mymap：

crypto map mymap 3 ipsec-manual

set peer 2.2.2.1

set session-key inbound esp 300 cipher abcdef1234567890

set session-key outbound esp 301 cipher abcdef1234567890

set transform-set myset

match address 101

!

access-list 101 permit ip 192.168.202.0 0.0.0.255 192.168.12.0 0.0.0.255

(2)抗重播窗口。

抗重播窗口是 IPSec 基本的防攻击功能,在默认情况下配置了哈希(MD5、SHA 等)认证方式,抗重播窗口将被启用,但可以通过表 2-9 命令进行关闭。

表 2-9

命令	作用
Router(config) # crypto ipsec security-association replay disable	关闭抗重播窗口

(3)数据安全检查。

数据安全检查是 IPSec 基本的防攻击功能,判断攻击的依据是报文应该属于加密报文,如果接收到的是明文就说明此报文非安全报文,应做丢弃处理。在某些情况下,该检查不是必需的,可以通过表 2-10 命令关闭安全检查。

表 2-10

命令	作用
Router(config) # crypto ipsec optional	关闭 IPSec 数据安全检查

(4)配置使用 IKE 来建立安全联盟的加密映射条目。

要配置使用 IKE 来建立安全联盟的加密映射条目,需在开始的时候在全局配置模式下执行表 2-11 命令。

表 2-11

命令	作用
Router(config) # crypto map map-name seq-num ipsec-isakmp	指定要创建或修改的加密映射条目,执行此命令将进入加密映射配置模式
Router(config-crypto-map) # match address access-list-id	为加密映射列表指定一个访问列表。这个访问列表决定了哪些通信应该受到 IPSec 的保护,哪些通信不应该受到此加密映射条目中定义的 IPSec 安全性的保护

续表

命令	作用
Router（config-crypto-map）# set peer {hostname｜ip-address}［trustpoint1［trust-point2]]	指定远端 IPSec 对等体。受到 IPSec 保护的通信将被发送到该对等体。可以配置多个对等体
Router（config-crypto-map）# set local ip-address	设置本端协商使用的 IP 地址，没有配置的情况下使用接口主地址协商
Router（config-crypto-map）# set trans-form-set transform-set-name1［transform-set-name2…transform-set-name6］	指定使用哪个变换集合，按一定优先级列出变换集合（高优先级优先）
Router（config-crypto-map）# set securi-ty-association lifetime seconds seconds	（可选）为加密映射条目指定安全联盟生命周期
Router（config-crypto-map）# set securi-ty-association idle-time seconds	（可选）为加密映射条目指定空闲超时时间
Router（config-crypto-map）# set ex-change-mode main｜aggressive	设置用此静态条目采用何种方式发起协商
Router（config-crypto-map）# set pfs group1｜group2｜group5	指定 Diffie-Hellman 组标识
Router（config-crypto-map）# set mtu length	设置隧道模式下预分片大小
Router（config-crypto-map）# username name password {0｜7} pass	作为扩展认证客户端，配置验证的用户名和密码
Router（config-crypto-map）# reverse-route［remote-peer ip-address］［distance］［tag tagvalue］［track trackvalue］［bfd］［weight weightvalue］	配置 v4 反向路由

重复以上步骤建立其他所需的加密映射条目。

下面是一个配置通过 IKE 建立安全联盟的例子。

① 本地对等体（路由器 A）配置。

crypto ipsec transform-set myset esp-des   //定义一个转换集合 myset

crypto map mymap 3 ipsec-isakmp   //定义一个通过 IKE 建立安全联盟的映射集合 mymap

set peer 2.2.2.2

set transform-set myset

match address 101

access-list 101 permit ip 192.168.12.0 0.0.0.255 192.168.202.0 0.0.0.255

② 远程对等体(路由器 B)配置。

定义一个变换集合 myset：

crypto ipsec transform-set myset esp-des

定义一个通过 IKE 建立安全联盟的映射集合 mymap：

crypto map mymap 3 ipsec-isakmp

set peer 2.2.2.1

set transform-set myset

match address 101

!

access-list 101 permit ip 192.168.202.0 0.0.0.255 192.168.12.0 0.0.0.255

(5)创建动态加密映射。

动态加密映射(需用到 IKE)能减少配置,当配置时对方的 IP 地址还未知,则必须用动态加密映射功能。例如,移动用户得到的是动态分配的 IP 地址;移动用户通过不是 IP 地址的其他路径获得本地 IKE 验证,如通过域名;一旦被验证,符合动态加密映射的安全关联请求则被处理,该动态加密映射可以接受符合本地策略的请求。

动态加密映射只有 IKE 能用。动态加密映射条目充当策略模板,当缺少参数时可通过动态得到(IPSec 协商)以满足远程对等体的要求。它允许远程对等体和设备交换 IPSec 流量,即使设备的加密映射没有完全满足远程对等体的要求。

动态加密映射不是用于设备对远程对等体发起新的 IPSec 协商,而是用于接受远程对等体发起 IPSec 协商。

动态加密映射集作为加密映射的一部分被引用。任何加密映射条目引用动态映射是作为加密映射集合中最低优先级加密映射条目(也就是说有最高的序号),这样其他加密映射条目就会先被评估,当其他静态加密映射条目都不能匹配时检查动态加密映射条目。

如果设备接受对等体的请求,它会创建新的 IPSec 安全联盟,并且安装一个临时的加密映射条目,这个条目用协商的结果填充。在这个点上设备使用临时的加密映射条目就好像用正常加密映射条目。一旦安全关联过期,临时的加密映射条目就会被删除。

对静态和动态加密映射,如果非保护的进入流量满足一个在 access list 中的 permit 的声明,由于它不受 IPSec 保护,流量将会被丢弃 。

对静态加密映射条目,如果出流量满足在 access list 中 permit 的声明,并且相对应的安全联盟还没有建立,设备将对远程的对等体发起安全联盟协商。对动态加密映射条目而言,如果安全联盟不存在,流量就会被简单抛弃(由于动态加密映射不用于发起新的安全联盟协商)。

动态加密映射条目像正常的加密映射条目那样被组成一个集合,这个集合就是一组的加密映射条目用相同的加密映射名组合起来,但有不同的序号。

创建动态加密映射条目,需在全局模式下执行表 2-12 命令。

表 2-12

命令	作用
Router(config) # crypto dynamic-map dynamic-map-name dynamic-seq-num	创建一个加密映射条目
Router(config-crypto-map) # set transform-set transform-set-name1 〔transform-set-name2…transform-set-name6〕	指定使用哪个变换集合,按一定优先级列出变换集合(高优先级优先)
Router(config-crypto-map) # match address access-list-id	(可选)为加密映射条目指定一个访问列表。该访问列表决定了哪些通信应该受到 IPSec 的保护,哪些通信不应该受到此加密映射条目中定义的 IPSec 安全性的保护。 注:虽然访问列表对动态加密映射是可选的,但强烈推荐配置。如配置,由对等体提议的数据流标识必须和加密映射访问列表的一条 permit 相匹配;如未配置,设备将接受对等体提议的任何数据流标识

添加动态加密映射集到正常(静态)加密映射集可以把一个或多个加密映射集添加到静态加密映射集,借助于加密映射条目引用加密映射集。应引用动态加密映射的把加密映射条目设置为加密映射集中的最低优先级的条目。

要添加一个动态加密映射集到一个静态加密映射集,需在全局配置模式下执行表 2-13命令。

表 2-13

命令	作用
Router(config) # crypto map map-name seq-num ipsec-isakmp dynamic dynamic-map-name	添加一个动态加密映射集到一个静态加密映射集

9. 将加密映射条目应用到接口上

要将加密映射集合应用于接口,需在接口配置模式下执行表 2-14 命令。

表 2-14

命令	作用
Router(config-if) # crypto map map-name	将加密映射集合应用于接口

对于 IPSec 通信将要途经的每个接口,都需要为它配置一个加密映射集合。设备利用该加密映射集合判断通过此接口的所有通信,应用特定策略过滤通信流。

10. 创建 Profile 加密映射条目

要配置使用 IKE 来建立安全联盟的 Profile 加密映射条目,需在开始的时候在全局配置模式下执行表 2-15 命令。

表 2-15

命令	作用
Router(config)# crypto ipsec profile pro-file-name	指定要创建或修改的 Profile 加密映射条目,执行此命令将进入加密映射配置模式
Router(config-crypto-map)# set trans-form-set transform-set-name1[transform-set-name2…transform-set-name6]	指定使用哪个变换集合,按一定优先级列出变换集合(高优先级优先)
Router(config-crypto-map)# set security-association lifetime seconds seconds	(可选)为加密映射条目指定安全联盟生命周期
Router(config-crypto-map)# set ex-change-mode main|aggressive	设置用此静态条目采用何种方式发起协商
Router(config-crypto-map)# set pfs group1|group2|group5	指定 Diffie-Hellman 组标识
Router(config-crypto-map)# set mtu length	设置隧道模式下预分片大小

重复以上步骤建立其他所需的加密映射条目。

下面是一个配置通过 IKE 建立安全联盟的例子。

(1)本地对等体(路由器 A)配置。

定义一个变换集合 myset：

crypto ipsec transform-set myset esp-des

定义一个通过 IKE 建立安全联盟的映射集合 profile-name：

crypto ipsec profile profile-name

set transform-set myset

(2)远程对等体(路由器 B)配置。

定义一个变换集合 myset：

crypto ipsec transform-set myset esp-des

定义一个通过 IKE 建立安全联盟的映射集合 mymap

crypto ipsec profile profile-name

set transform-set myset

11. 将 Profile 加密映射条目应用到 Tunnel 接口上

要将 Profile 加密映射集合应用于 Tunnel 接口上,需在接口配置模式下执行表 2-16 命令。

表 2-16

命令	作用
Router(config-if-Tunnel 1)♯ tunnel protection ipsec profile profile-name	将加密映射集合应用于 Tunnel 接口

　　对于 IPSec 通信将要途经的每个接口，都需要为它配置一个加密映射集合。设备利用该加密映射集合对进入接口上的所有报文进行加、解密。

12. 配置扩展认证的身份认证方式

　　扩展认证中针对身份认证的方式是引用 AAA 认证配置项来对连接用户进行身份验证，在配置模式下按照表 2-17 命令执行。

表 2-17

命令	作用
Router(config)♯ crypto map map-name client authentication list aaa-name	配置扩展认证的身份认证方式

13. 配置 IPSec 包过滤

　　IPSec 包过滤用于配置 IPSec 解除封装后的原始报文是否还需要做一次包过滤处理，在配置模式下执行表 2-18 命令。

表 2-18

命令	作用
Router(config)♯ crypto ipsec no-filter [listacl-number]	解除封装后的报文不再进行包过滤

14. 监视和维护 IPSec

　　某些配置改变只能在协商后续安全联盟时生效。如果想让新设置立即生效，必须删除现存的安全联盟，这样它们才会使用新设置重新建立。对于手动建立的安全联盟，必须删除和重新建立，否则新设置永远不会生效。如果设备目前正在处理大量 IPSec 通信，那么可能的操作是只清除安全联盟数据库中可能被配置改变影响到的那部分内容（即只删除给定加密映射集合所建立的安全联盟）。只有当配置被大范围地改变，或当设备正在处理的 IPSec 通信量很小时，才会删除安全联盟数据库的全部内容。

　　要删除（并重新发起）IPSec 安全联盟，需在全局配置模式下执行表 2-19 命令。

表 2-19

命令	作用
Router♯ clear crypto sa	清空整个安全联盟数据库，这也将删除所有活动的安全线程
Router♯ clear crypto sa peer {ip-address|peer-name}	清空有特定对等体地址的安全联盟

续表

命令	作用
Router# clear crypto sa map map-name	清空有特定加密映射集合的安全联盟
Router# clear crypto sa spi destination-address {ah|esp} spi	清空有指定的目的地址、协议及 SPI 的安全联盟

查看 IPSec 的配置信息，需在普通用户模式下执行表 2-20 命令。

表 2-20

命令	作用
Router# show crypto ipsec transform-set	查看变换集合配置
Router# show crypto map [map-name]	查看全部或指定的加密映射配置
Router# show crypto ipsec sa	查看 IPSec 安全联盟信息
Router# show crypto dynamic-map [tag map-name]	查看动态加密映射的信息
Router# debug crypto ipsec	显示关于 IPSec 事件的 debug 消息
Router# debug crypto engine	显示被加密的数据流

任务实施

一、IPSec 配置实训

1. 实训目标

如图 2-2 所示，要保护从子网 A(192.168.12.0/24)到子网 B(192.168.202.0/24)的 IP 通信，两地的安全网关分别为 Router A 的以太网口(192.168.12.1)和 Router B 的以太网口(192.168.202.1)，采用通道模式，保护方式为 ESP-DES-SHA(提供加密和验证服务)。

2. 实训环境

IPSec 配置实训环境见图 2-2。

3. 实训步骤

Router A 的配置。

用访问列表定义要保护的通信：

access-list 101 permit ip 192.168.12.0 0.0.0.255 192.168.202.0 0.0.0.255

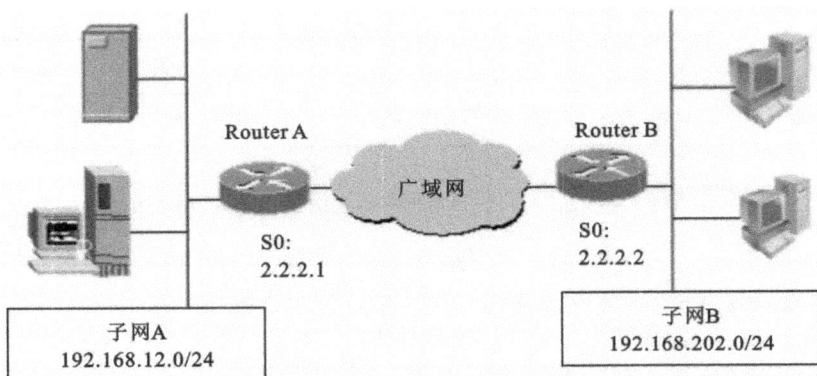

图 2-2　IPSec 配置实训环境

定义变换集合：

crypto ipsec transform-set myset esp-des esp-sha-hmac

加密映射将 IPSec 访问列表和变换集合连接起来，并指定受保护的通信将发送到何处：

crypto map mymap 10 ipsec-manual

match address 101

set transform-set myset

set session-key inbound esp 301 cipher 0123456789abcdef authenticator

00001111222233334444555566667777788889999

set session-key outbound esp 300 cipher 0123456789abcdef authenticator

55556666777788889999000011112222333334444

set peer 2.2.2.2

!

interface Fastethernet 0

ip address 192.168.12.1 255.255.255.0

加密映射作用于接口：

interface Serial 0

ip address 2.2.2.1 255.255.255.0

crypto map mymap

!

ip route 0.0.0.0 0.0.0.0 2.2.2.2

任务拓展

1.实训目标

某保险公司在网络扁平化改造后，通过电信提供的 CN2 网络（CN2 网络是电信打造的下一代承载网,可以简单理解成建立在 MPLS 网络上,为企业提供 VPN 业务的承载网,这个 VPN 业务对客户来说是透明的),县公司可直接和省、市公司互通。为保证业务的安全,省、市、县出口路由器之间需要建立 IPSec 隧道。由于市公司和县公司的数量庞大,需要手动配置大量的静态 IPSec,维护量大,且不灵活,因此,需要配置动态 IPSec。

2. 实训环境

任务拓展实训环境见图 2-3。

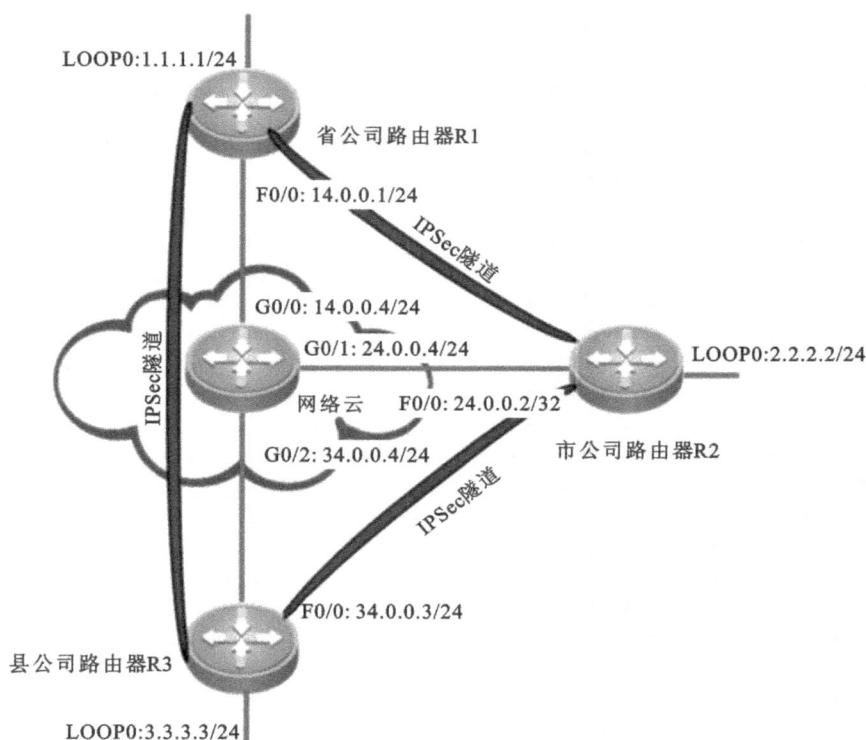

图 2-3 任务拓展实训环境

3. 实训要点

(1)省公司路由器 R1。

需要与所有市、县公司建立 IPSec 隧道,为减少配置维护量、增加灵活度,需配置动态 IPSec,作为 IPSec 服务端,接受市、县公司 IPSec 拨入。

(2)市公司路由器 R2。

① 需要配置静态 IPSec,拨入省公司。

② 需要与所有县公司建立 IPSec 隧道,为减少配置维护量、增加灵活度,需配置动态 IPSec,作为 IPSec 服务端,接受县公司 IPSec 拨入。

③ 只有一个外网出口,需要在该接口上同时实施静态 IPSec 和动态 IPSec。

(3)县公司路由器 R3。

需要配置静态 IPSec,拨入省、市公司。

（4）动态 IPSec 使用注意事项。

① 必须关注业务数据能否刺激 IPSec 隧道的协商。

② 动态加密映射不是用于设备对远程对等体发起新的 IPSec 协商,而是用于接受远程对等体发起 IPSec 协商。即配置动态加密映射的一方不能主动发起 IPSec 协商。

③ 在金融行业中,所有业务一般均由下级机构向上级机构发起,所以,能够刺激 IPSec 隧道的建立。

④ 在建立 IPSec 隧道后,数据可以双向通信,没有限制。

任务三 IPv6 隧道

◆ 知识目标

❏ 了解 IPv6 的工作原理,了解 IPv6 隧道技术的原理。
❏ 掌握 IPv6 隧道配置方法。

◆ 能力目标

❖ 熟练掌握 IPv6 相关配置命令。
❖ 学会运用 IPv6 隧道配置技术,实现在基于 IPv4 的干道网络上的网络间的安全通信。

◆ 任务描述

某公司构建了两个 IPv6 网络,但是这两个网络不在同一个地域范围内,如果想要通信,必须要跨越 IPv4 网络。怎么才能实现网络之间的相互通信呢?

一、IPv6 隧道概述

IPv6 存在的目的是继承和取代 IPv4，但从 IPv4 到 IPv6 的演进是一个逐渐发展的过程。因此在 IPv6 完全取代 IPv4 之前，不可避免地，这两种协议要有一个共存时期。在这个过渡阶段的初期，IPv4 网络仍然是主要的网络，IPv6 网络类似孤立于 IPv4 网络的小岛。过渡的问题可以分成两大类：

（1）被孤立的 IPv6 网络之间透过 IPv4 网络互相通信的问题。

（2）IPv6 网络与 IPv4 网络之间通信的问题。

IPv6 隧道技术将 IPv6 报文封装在 IPv4 报文中，这样 IPv6 协议包就可以穿越 IPv4 网络进行通信。因此被孤立的 IPv6 网络之间可以通过 IPv6 的隧道技术利用现有的 IPv4 网络实现互相通信而无须对现有的 IPv4 网络做任何修改和升级。IPv6 隧道可以配置在边界路由器之间，也可以配置在边界路由器和主机之间，但是隧道两端的节点都必须既支持 IPv4 协议栈又支持 IPv6 协议栈（见图 3-1）。

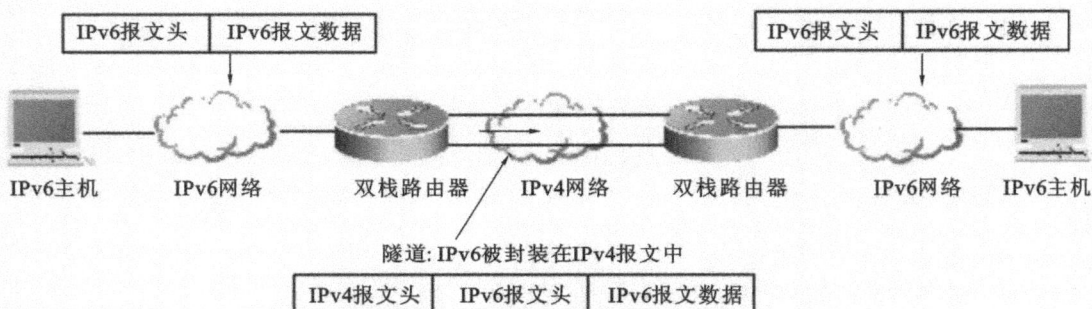

图 3-1　使用 IPv6 隧道技术的模型

（一）6ver4 手动隧道

一个 6ver4 手动隧道（IPv6 Manually Configured Tunnel）类似于在两个 IPv6 网络之间通过 IPv4 的主干网络建立了一条永久链路。适用于在两台边界路由器或者边界路由器和主机之间对安全性要求较高并且比较固定的连接上。

在隧道接口上，IPv6 地址需要手动配置，并且隧道的源 IPv4 地址（Tunnel Source）和目的 IPv4 地址（Tunnel Destination）必须手动配置。隧道两端的节点必须支持 IPv6 和 IPv4 协议栈。6ver4 手动隧道在实际应用中总是成对配置的，即在两台边缘设备上同时配置，可以将其看作是一种点对点的隧道。

（二）GRE 隧道

GRE 隧道（GRE Tunnel）允许利用传输协议（如 IP）来传送任意协议的网络数据包。支持 IPv4 over IPv4 的 GRE 隧道。

在隧道接口上，隧道的源 IP 地址和目的 IP 地址必须手动配置。GRE 隧道在实际应用中总是成对配置的，即在两台边缘设备上同时配置，可以将其看作是一种点对点的隧道。

（三）6to4 自动隧道

6to4 自动隧道（Automatic 6to4 Tunnel）允许将被孤立的 IPv6 网络透过 IPv4 网络实现互联。它和 6ver4 手动隧道的主要区别是，6ver4 手动隧道是点对点的隧道，而 6to4 自动隧道是点对多点的隧道。

6to4 自动隧道将 IPv4 网络视为 Nonbroadcast Multi-access（NBMA，非广播多路访问）链路，因此 6to4 的设备不需要成对的配置，嵌入 IPv6 地址的 IPv4 地址将用来寻找自动隧道的另一端。6to4 自动隧道可以被配置在一个被孤立的 IPv6 网络的边界路由器上，对于每个报文它将自动建立隧道到达另一个 IPv6 网络的边界路由器。隧道的目的地址就是另一端的 IPv6 网络的边界路由器的 IPv4 地址，该 IPv4 地址将从该报文的目的 IPv6 地址中提取，其 IPv6 地址是以前缀 2002::/16 开头的，形式如图 3-2 所示。

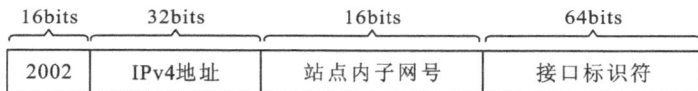

16bits	32bits	16bits	64bits
2002	IPv4地址	站点内子网号	接口标识符

图 3-2　IPv6 6to4 地址格式

6to4 地址是用于 6to4 自动构造隧道技术的地址，其内嵌的 IPv4 地址通常是站点边界路由器出口的全局 IPv4 地址，在自动隧道建立时将使用该地址作为隧道报文封装的 IPv4 目的地址。6to4 隧道两端的设备同样必须都支持 IPv6 和 IPv4 协议栈。6to4 隧道通常配置在边界路由器之间。

例如，6to4 站点边界路由器出口的全局 IPv4 地址是 211.1.1.1（用十六进制数表示为 D301:0101），站点内的某子网号为 1，接口标识符为 2e0:ddff:fee0:e0e1，那么其对应的 6to4 地址可以表示为 2002:D301:0101:1:2e0:ddff:fee0:e0e1。

6to4 隧道常用的应用模型如下。

（1）简单应用模型：6to4 隧道最简单、最常用的应用是用来建立多个 IPv6 站点之间的互联，每个站点至少必须有一个连接通向一个它们共享的 IPv4 网络。这个 IPv4 网络可以是 Internet 网络也可以是某个组织团体内部的主干网。关键是每个站点必须要有一个全局唯一的 IPv4 地址，6to4 隧道将使用该地址构造一个 6to4/48 的 IPv6 前缀，即 2002:IPv4 地址/48。

（2）混合应用模型：在以上所描述的应用的基础上，通过在纯 IPv6 网络的边缘提供 6to4 中继设备，实现其他 6to4 网络接入纯 IPv6 网络中。实现该功能的设备称为 6to4 中继路由器（6to4 Relay Router）。

（四）ISATAP 自动隧道

站内自动隧道寻址协议（ISATAP）是一种站点内部的 IPv6 体系架构将 IPv4 网络视为一个非广播型多路访问（NBMA）链路层的 IPv6 隧道技术，即将 IPv4 网络当作 IPv6 的虚拟链路层。

ISATAP主要用于当一个站点内部的纯IPv6网络还不能用，但是又要在站点内部传输IPv6报文的情况，例如站点内部有少数测试用的IPv6主机要实现互相通信。使用ISATAP隧道允许站点内部同一虚拟链路上的IPv4及IPv6双栈主机互相通信。

在ISATAP站点上，ISATAP设备提供标准的路由器公告报文，从而允许站点内部的ISATAP主机进行自动配置；同时ISATAP设备执行站点内的ISATAP主机和站点外的IPv6主机转发报文的功能。

ISATAP使用的IPv6地址前缀可以是任何合法的IPv6单点传播的64位前缀，包括全球地址前缀、链路本地前缀和站点本地前缀等，IPv4地址被置于IPv6地址最后的32 bits上，从而允许自动建立隧道。

ISATAP很容易与其他过渡技术结合起来使用，尤其是在和6to4隧道技术相结合使用时，可以使内部网的双栈主机非常容易地接入IPv6主干网。

1. ISATAP 接口标识符

ISATAP使用的单播地址的形式是64 bits的IPv6前缀加上64 bits的接口标识符。64bits的接口标识符是由修正的EUI-64地址格式生成的，其中接口标识符的前32 bits的值为0000:5EFE，这就意味着这是一个ISATAP的接口标识符。

2. ISATAP 地址

ISATAP地址是指接口标识符中包含ISATAP接口标识符的单播地址，图3-3显示了ISATAP的地址结构。

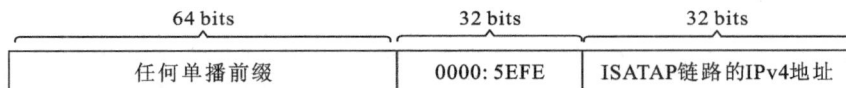

64 bits	32 bits	32 bits
任何单播前缀	0000:5EFE	ISATAP链路的IPv4地址

图 3-3　IPv6 ISATAP 地址结构

从图3-3中可以看到接口标识符中包含了IPv4的地址，该地址就是双栈主机的IPv4地址，在自动建立自动隧道时将被使用。

例如，IPv6的前缀是2001::/64，嵌入的IPv4的地址是192.168.1.1，在ISATAP地址中，IPv4地址用十六进制数表示为C0A8:0101，因此其对应的ISATAP地址为2001::0000:5EFE:C0A8:0101。

（五）Tunnel 接口概述

Tunnel接口用于实现隧道功能，是系统虚拟的接口。Tunnel接口并不特别指定传输协议或者负载协议，它提供的是一个用来实现标准的点对点的传输链路。每一个单独的链路都必须设置一个Tunnel接口。

Tunnel接口功能实现包括下面三个主要组成部分。

（1）负载协议：通过Tunnel传输的负载（网络数据）的封装协议。

（2）载体协议：用来二次封装并辨识待传输负载的协议。

（3）传输协议：实际传输经过载体协议二次封装后的负载的网络协议。

图3-4中通过以太网封装GRE实现了IP Tunnel传输功能。实际上，如果两个私有同种协议网络需要通过异种公有网络实现互相通信，就可以采用Tunnel接口实现。

Normal Packet

802.3	802.2	CLNP	TP4	VT

Tunnel Packet

Ethernet	IP	GRE	CLNP	TP4	VT

负载协议
载体协议
传输协议

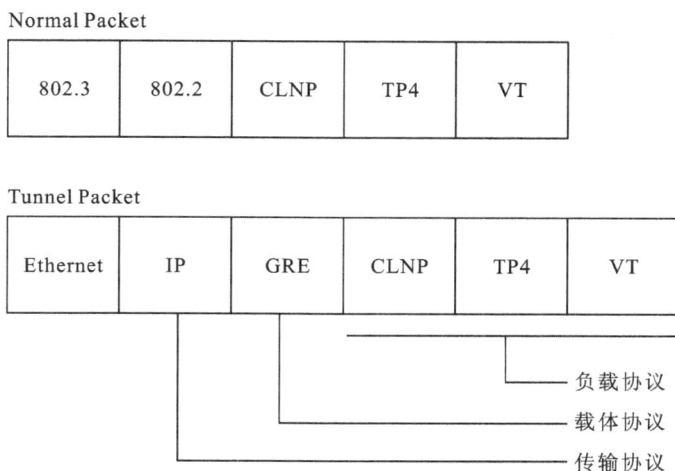

图 3-4 使用 Tunnel 接口传输网络时数据包在传输前后的构成对比示意图

Tunnel 接口传输适用于以下情况：

(1)允许运行非 IP 协议的本地网络之间通过一个单一网络(IP 网络)通信,因为 Tunnel 接口支持多种不同的负载协议。

(2)允许那些对路由跳数有限制的协议可以在更广泛的范围内工作,因为 Tunnel 接口使用的是传输协议(IP)的路由工作。

(3)允许通过单一的网络(IP 网络)连接间断子网。

(4)允许在广域网上提供 VPN(Virtual Private Network)功能。

由于 Tunnel 接口将负载封装后传输,这会加大处理上的复杂性,在某些情况下需要注意以下的变化。

(1)由于 Tunnel 是点对点的链路,在路由的时候看起来只有一跳,可实际上可能其路由花费不止一跳。在使用 Tunnel 的时候必须注意到 Tunnel 链路的路由与实际路由并不一致。

(2)由于 Tunnel 传输将负载封装在传输协议中,在设置防火墙特别是访问控制链表(ACL)时,需要考虑这一点;同时必须注意到此时负载协议的传输带宽等(如 MTU)比理论值小。

二、通用的 Tunnel 接口配置

Tunnel 接口的配置任务包括：

(1)进入指定 Tunnel 接口的配置模式。

(2)配置 Tunnel 接口的源地址。

(3)配置 Tunnel 接口的目的地址(自动隧道不必配置)。

(4)设置 Tunnel 的封装格式。

(5)配置 Tunnel 的 TTL(可选)。

(6)配置 Tunnel 的 TOS(可选)。

（一）进入指定 Tunnel 接口的配置模式

要创建 Tunnel 接口并进入该接口的配置模式，需在全局配置模式中执行表 3-1 命令。

表 3-1

命令	作用
Switch （config） # interface tunnel tunnel-number	进入指定 Tunnel 接口配置模式
Switch(config) # no interface tunnel tunnel-number	删除已创建的 Tunnel 接口

同其他逻辑接口一样，第一次进入指定的 Tunnel 接口时就创建了一个 Tunnel 接口。

（二）配置 Tunnel 接口的源地址

一个 Tunnel 接口需要明确配置隧道的源地址和目的地址，为了保证隧道接口的稳定性，一般将 Loopback 地址作为隧道的源地址和目的地址。在 Tunnel 接口正常工作之前，需要确认源地址和目的地址的连通性。

要配置 Tunnel 接口的源地址，需在 Tunnel 接口配置模式中执行表 3-2 命令。

表 3-2

命令	作用
Switch(config-if) # tunnel source {ip-address|interface-name interface-number}	设置 Tunnel 接口的源地址
Switch(config-if) # no tunnel source	取消 Tunnel 接口源地址设置

命令 tunnel source 配置的是 Tunnel 接口用来进行实际通信的源地址，它也是 Tunnel 位于本地的端点。

（三）配置 Tunnel 接口的目的地址

要配置 Tunnel 接口的目的地址，需在 Tunnel 接口配置模式下执行表 3-3 命令。

表 3-3

命令	作用
Switch(config-if) # tunnel destination {ip-address}	设置 Tunnel 接口的目的地址
Switch(config-if) # no tunnel destination	取消 Tunnel 接口目的地址设置

命令 tunnel destination 配置的 Tunnel 接口用来进行实际通信的目的地址，它也是 Tunnel 位于远程对端的端点。

（四）设置 Tunnel 的封装格式

Tunnel 的封装格式就是 Tunnel 的载体协议。Tunnel 接口的默认封装格式是 IPv6 手动隧道。当然，用户也可以根据实际使用情况来决定 Tunnel 接口的封装格式。

要配置 Tunnel 的封装格式,需在 Tunnel 接口配置模式下执行表 3-4 命令。

表 3-4

命令	作用
Switch(config-if) # tunnel mode| ipv6ip [6to4|isatap]	设置 Tunnel 的封装格式
Switch(config-if) # no tunnel mode	取消 Tunnel 接口封装格式设置,恢复默认值

(五)配置 Tunnel 的 TTL

配置 Tunnel 的 TTL,也即配置 Tunnel 所发送的封装报文中传输协议报头 TTL 值,在 Tunnel 接口配置模式下,执行表 3-5 命令。

表 3-5

命令	作用
Switch(config-if) # tunnel ttl hop-count	设置 Tunnel 的 TTL 值
Switch(config-if) # no tunnel ttl	取消 Tunnel 的 TTL 设置,恢复为缺省值 255

隧道中间节点会递减传输协议报头中的 TTL 值,丢弃 TTL 为 0 的报文。

缺省情况下,Tunnel 传输协议的 TTL 值为 255。

(六)配置 Tunnel 的 TOS

在 Tunnel 接口模式下配置外层传送协议 IPv4 的 TOS 字节或者 IPv6 的 traffic class 的 8 bits,执行表 3-6 命令。

表 3-6

命令	作用
Switch(config-if) # tunnel tos num	设置 Tunnel 的 TOS 值
Switch(config-if) # no tunnel tos	取消 Tunnel 的 TOS 设置

缺省情况下,如果隧道内层承载与外层封装都是 IPv4 协议,则缺省将内层 IPv4 头的 TOS 字节拷贝到外层 IPv4 头。如果隧道内层承载与外层封装都是 IPv6 协议,则缺省将内层 IPv6 头的 traffic class 的 8 bits 拷贝到外层 IPv6 头。其他情况下,外层 IPv4 tos 或 IPv6 traffic class 为 0。

(七)Tunnel 接口的故障诊断与排除

如果 Tunnel 两端不能正常通信,可以从以下几个方面考虑:

(1)必须确保 Tunnel 的两端存在可连通的物理通道,即在不使用 Tunnel 的时候这两端也具有网络连通性,也就是 Tunnel 的源通信地址(本地地址)必须能与 Tunnel 的目的通信地址(对端的网络地址)进行正常通信。

(2)必须确保 Tunnel 两端的源地址与目的地址具备对应性,也就是 Tunnel 一端的源通信地址必须与 Tunnel 的另一端的目的通信地址一致。

(3)必须确保 Tunnel 使用了正确的封装格式,系统默认使用 IPv6IP 手动隧道,并且 Tunnel 两端必须使用相同的封装格式。

三、配置 IPv6 隧道

（一）配置 6ver4 手动隧道

要配置手动隧道，需在隧道接口上要配置一个 IPv6 地址，并且要配置 6ver4 手动隧道的源端和目的端的 IPv4 地址。在配置隧道两端的主机或者设备必须支持双栈。

配置 6ver4 手动隧道的简要步骤如下：

config terminal
interface tunnel tunnel-num
tunnel mode ipv6ip
ipv6 enable
tunnel source {ip-address|type num}
tunnel destination ip-address
end

详细步骤如表 3-7 所示。

表 3-7

命令	作用
Switch# configure terminal	进入全局配置模式
Switch（config）# interface tunnel tunnel-num	指定隧道接口号创建隧道接口，并进入接口配置模式
Switch（config-if-Tunnel id）# tunnel mode ipv6ip	指定隧道的类型为 6ver4 手动隧道
Switch(config-if-Tunnel id)# IPv6 enable	启动该接口的 IPv6 功能，也可以通过配置 IPv6 地址直接启动该接口的 IPv6 功能
Switch（config-if-Tunnel id）# tunnel source {ip-address|type num}	指定隧道的 IPv4 源地址或者引用的源接口号。注意：如果指定了接口，那么接口上必须已经配置了 IPv4 的地址
Switch(config-if-Tunnel id)# tunnel destination ip-address	指定隧道的目的地址
Switch(config-if-Tunnel id)# end	退到特权模式
Switch# copy running-config starouterup-config	保存配置

（二）配置 6to4 隧道

6to4 隧道的目的地址是由从 6to4 IPv6 地址中提取的 IPv4 地址决定的,6to4 隧道两端的设备必须支持双栈。

配置 6to4 隧道的简要步骤如下:

config terminal

interface tunnel tunnel-num

tunnel mode ipv6ip 6to4

ipv6 enable

tunnel source {ip-address|type num}

exit

ipv6 route 2002::/16 tunnel tunnel-number

end

详细步骤如表 3-8 所示。

表 3-8

命令	作用
Switch# configure terminal	进入全局配置模式
Switch（config）# interface tunnel tunnel-num	指定隧道接口号创建隧道接口,并进入接口配置模式
Switch（config-if-Tunnel id）# tunnel mode ipv6ip 6to4	指定隧道的类型为 6to4 隧道
Switch(config-if-Tunnel id)# IPv6 enable	启动该接口的 IPv6 功能,也可以通过配置 IPv6 地址直接启动该接口的 IPv6 功能
Switch（config-if-Tunnel id）# tunnel source {ip-address|type num}	指定隧道的封装源地址或者引用的源接口号。注意:被引用的接口上必须已经配置了 IPv4 的地址。使用的 IPv4 地址必须是全局可路由的地址
Switch(config-if-Tunnel id)# exit	退回全局配置模式
Switch（config）# IPv6 route 2002::/16 tunnel tunnel-number	为 IPv6 6to4 前缀 2002::/16 配置一条静态的路由并关联输出接口到该隧道接口上(即前面指定的隧道接口)
Switch(config)# end	退回特权模式
Switch# copy running-config starouterup-config	保存配置

（三）配置 ISATAP 隧道

在 ISATAP 隧道接口上,ISATAP IPv6 地址的配置以及前缀的公告配置和普通 IPv6 接

51

口的配置是一样的,但是为 ISATAP 隧道接口配置的地址必须使用修正的 EUI-64 地址,因为 IPv6 地址中的接口标识符的最后 32 位是由隧道源地址（Tunnel Source）引用的接口的 IPv4 地址构成的。

配置 ISATAP 隧道的简要步骤如下:

config terminal

interface tunnel tunnel-num

tunnel mode ipv6ip isatap

ipv6 address ipv6-prefix/prefix-length eui-64

tunnel source interface-type num

no IPv6 nd suppress-ra

end

详细步骤如表 3-9 所示。

表 3-9

命令	作用
Switch# configure terminal	进入全局配置模式
Switch（config）# interface tunnel tunnel-num	指定隧道接口号创建隧道接口,并进入接口配置模式
Switch（config-if-Tunnel id）# tunnel mode ipv6ip isatap	指定隧道的类型为 ISATAP 隧道
Switch（config-if-Tunnel id）# IPv6 address ipv6-prefix/prefix-length［eui-64］	配置 IPv6 ISATAP 地址,注意:指定使用 eui-64 关键字,这样将自动生成 ISATAP 的地址,在 ISATAP 接口上配置的地址必须为 ISATAP 的地址
Switch（config-if-Tunnel id）# tunnel source type num	指定隧道引用的源接口号,被引用的接口上必须已经配置了 IPv4 的地址
Switch(config-if-Tunnel id)# no IPv6 nd suppress-ra	缺省情况下是禁止在接口上发送路由器公告报文的,使用该命令打开该功能从而允许 ISATAP 主机进行自动配置
Switch(config)# end	退回特权模式
Switch# copy running-config starouterup-config	保存配置

（四）配置隧道支持 IPv6 组播

目前在 IPv6 网络中,不仅 IPv6 单播业务需要能够使用隧道方式穿越 IPv4 网络,IPv6 组播业务也需要能使用隧道方式穿越 IPv4 网络。

IPv6 隧道组播的配置非常简单,在 Tunnel 接口上同其他普通接口（如 SVI 口）上一样配置就可以了。

（五）验证 IPv6 隧道的配置和监控

验证 IPv6 隧道的配置和监控的简要步骤如下:

enable

show interface tunnel number

show IPv6 interface tunnel number

ping protocol destination

show ip route

show IPv6 route

详细步骤如表 3-10 所示。

表 3-10

命令	作用
show interface tunnel tunnel-num	查看指定 Tunnel 接口的信息
show IPv6 interface tunnel tunnel-num	查看 Tunnel 接口的 IPv6 信息
ping protocol destination	检查网络的基本连通性
show ip route	查看 IPv4 路由表
show IPv6 route	查看 IPv6 路由表

（1）查看 Tunnel 接口的信息。

Switch ♯ show interface tunnel 1

Tunnel 1 is UP,line protocol is UP

Hardware is Tunnel

Interface address is:no ip address

MTU 1480 bytes,BW 9 kbit

Encapsulation protocol is Tunnel,loopback not set

Keepalive interval is no sec

Carrier delay is 2 sec

Rxload is 1/255,Txload is 1/255

Tunnel source 192.168.5.215,destination 192.168.5.204

Tunnel TOS/Traffic Class not set,Tunnel TTL 255

Tunnel protocol/transportouter ipv6/ip

（2）查看 Tunnel 接口的 IPv6 信息。

Switch ♯ show IPv6 interface tunnel 1

interface Tunnel 1 is Up,ifindex:6354

address(es):

Mac Address:N/A

INET6:fe80::3d9a:1601,subnet is fe80::/64

Joined group address(es):

ff02::2

ff01::1

ff02::1

ff02::1:ff9a:1601

53

INET6:3ffe:4:0:1::1,subnet is 3ffe:4:0:1::/64

Joined group address(es):

ff02::2

ff01::1

ff02::1

ff02::1:ff00:1

MTU is 1480 bytes

ICMP error messages limited to one every 100 milliseconds

ICMP redirects are enabled

ND DAD is enabled,number of DAD attempts:1

ND reachable time is 30000 milliseconds

ND adverouterised reachable time is 0 milliseconds

ND retransmit interval is 1000 milliseconds

ND adverouterised retransmit interval is 0 milliseconds

ND router adverouterisements are sent every 200 seconds<240--160>

ND router adverouterisements live for 1800 seconds

 任务实施

一、配置 6ver4 手动隧道实训

1. 实训目标

如图 3-5 所示,IPv6 网络 N1 和 N2 被 IPv4 网络隔离开,现需通过配置手动隧道将这两个网络互联起来,如可以使 N1 中的 H-A3 主机访问 N2 中的 H-B3 主机。

图中 Router A 和 Router B 是支持 IPv4 协议栈和 IPv6 协议栈的设备,隧道的配置在 N1 和 N2 的边界路由器(Router A 和 Router B)上进行,注意手动隧道必须对称配置,即在 Router A 和 Router B 上都要配置。

2. 实训环境

配置 6ver4 手动隧道实训环境见图 3-5。

3. 实训步骤

(1)Router A 的配置。

连接 IPv4 网络的接口:

interface FastEthernet 2/1

no switchporouter

ip address 192.1.1.1 255.255.255.0

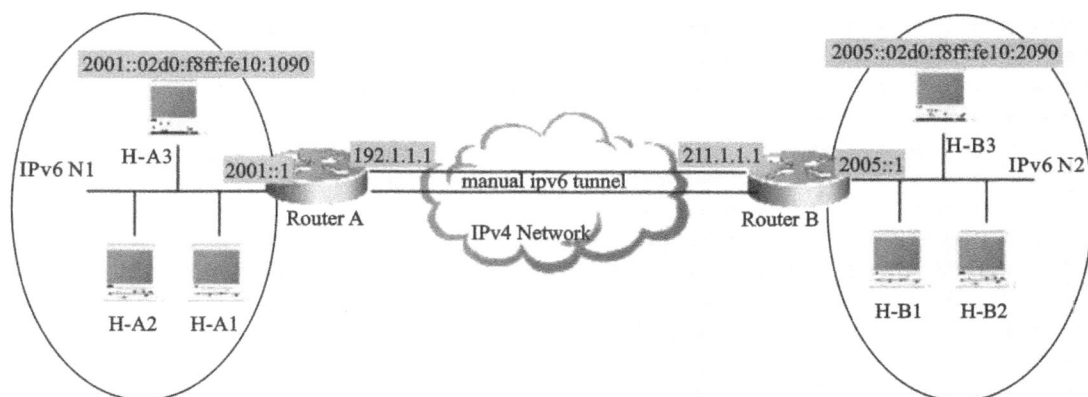

图 3-5　配置 6ver4 手动隧道实训环境

连接 IPv6 网络的接口：

interface FastEthernet 2/2

no switchporouter

ipv6 address 2001：:1/64

no IPv6 nd suppress-ra(可选)

配置手动隧道接口：

interface Tunnel 1

tunnel mode ipv6ip

ipv6 enable

tunnel source FastEthernet 2/1

tunnel destination 211.1.1.1

配置进隧道的路由：

ipv6 route 2005：:/64 tunnel 1

(2)Router B 的配置。

连接 IPv4 网络的接口：

interface FastEthernet 2/1

no switchporouter

ip address 211.1.1.1 255.255.255.0

连接 IPv6 网络的接口：

interface FastEthernet 2/2

no switchporouter

ipv6 address 2005：:1/64

no IPv6 nd suppress-ra(可选)

配置手动隧道接口：

interface Tunnel 1

tunnel mode ipv6ip

ipv6 enable

tunnel source FastEthernet 2/1

tunnel destination 192.1.1.1

配置进隧道的路由：

ipv6 route 2001∷/64 tunnel 1

二、配置 6ver4 手动隧道支持组播实训

1. 实训目标

假设网络模型如上一实训，在上一实训的基础上，增加对 PIM SMv6 组播的支持。

2. 实训环境

配置 6ver4 手动隧道支持组播实训环境见图 3-5。

3. 实训步骤

（1）Router A 的配置。

全局配置模式下启用组播：

ipv6 multicast-routing

在接口上启用 PIM SMv6：

interface Tunnel 1

IPv6 pim sparse-mode

（2）Router B 的配置。

全局配置模式下启用组播：

ipv6 multicast-routing

在接口上启用 PIM SMv6：

interface Tunnel 1

IPv6 pim sparse-mode

三、配置 6to4 隧道实训

1. 实训目标

图 3-6 是一个 IPv6 网络（6to4 站点）使用 6to4 隧道通过 6to4 中继路由器接入 IPv6 主干网（6Bone）的拓扑。

在前面已经介绍了 6to4 隧道技术主要用在将孤立的 IPv6 网络互联起来，并且可以通过 6to4 中继路由器接入 IPv6 主干网络。6to4 隧道是自动隧道，嵌入在 IPv6 地址的 IPv4 地址将用来寻找自动隧道的另一端，因此 6to4 隧道无须配置隧道的目的端，同时 6to4 隧道的配置不像手动隧道要对称配置。

2. 实训环境

配置 6to4 隧道实训环境见图 3-6。

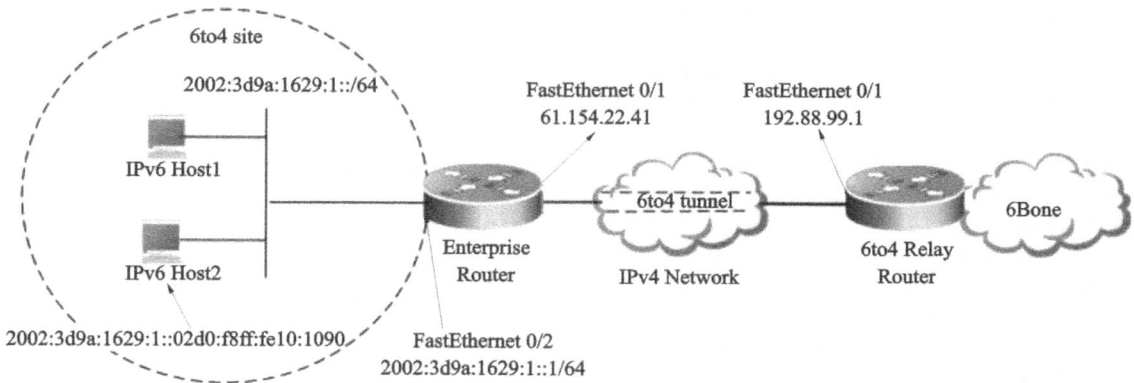

图 3-6　配置 6to4 隧道实训环境

注意：

61.154.22.41 的十六进制格式为：3d9a:1629。

192.88.93.1 的十六进制格式为：c058:6301。

3. 实训步骤

（1）Enterprise Router 的配置。

连接 IPv4 网络的接口：

interface FastEthernet 0/1

no switchporouter

ip address 61.154.22.41 255.255.255.128

连接 IPv6 网络的接口：

interface FastEthernet 0/2

no switchporouter

ipv6 address 2002:3d9a:1629:1::1/64

no IPv6 nd suppress-ra

配置 6to4 隧道接口：

interface Tunnel 1

tunnel mode ipv6ip 6to4

ipv6 enable

tunnel source FastEthernet 0/1

配置进隧道的路由：

ipv6 route 2002：：/16 Tunnel 1

配置到 6to4 中继路由器的路由，以便可以访问 6Bone：

ipv6 route：：/0 2002：c058：6301：：1

(2)ISP 6to4 Relay Router 的配置。

连接 IPv4 网络的接口：

interface FastEthernet 0/1

no switchporouter

ip address 192.88.93.1 255.255.255.0

♯ 配置 6to4 隧道接口

interface Tunnel 1

tunnel mode ipv6ip 6to4

ipv6 enable

tunnel source FastEthernet 0/1

♯ 配置进隧道的路由

ipv6 route 2002：：/16 Tunnel 1

四、配置 ISATAP 隧道实训

1. 实训目标

图 3-7 是一个使用 ISATAP 隧道的典型拓扑，ISATAP 隧道主要用于 IPv4 站点内部被隔离的 IPv4 及 IPv6 双栈主机之间进行通信，而 ISATAP 设备在 ISATAP 站点中的主要功能有两个：

(1)接收站内 ISATAP 主机发来的路由器请求报文后应答路由器公告报文，用来提供给站点内的 ISATAP 主机进行自动配置。

(2)负责向站点内的 ISATAP 主机和站点外的 IPv6 主机转发报文。

图 3-7 中当 Host A 和 Host B 发送路由器请求给 ISATAP Router，ISATAP Router 将应答路由器公告报文，主机收到该报文后进行自动配置，同时会生成各自的 ISATAP 地址。之后 Host A 和 Host B 的 IPv6 通信将通过 ISATAP 隧道进行。当 Host A 或者 Host B 要与站点外的 IPv6 主机通信时，Host A 先将该报文通过 ISATAP 隧道发送到 ISATAP 路由器 Router A 上，然后由 Router A 转发到 IPv6 网络上。

2. 实训环境

配置 ISATAP 隧道实训环境见图 3-7。

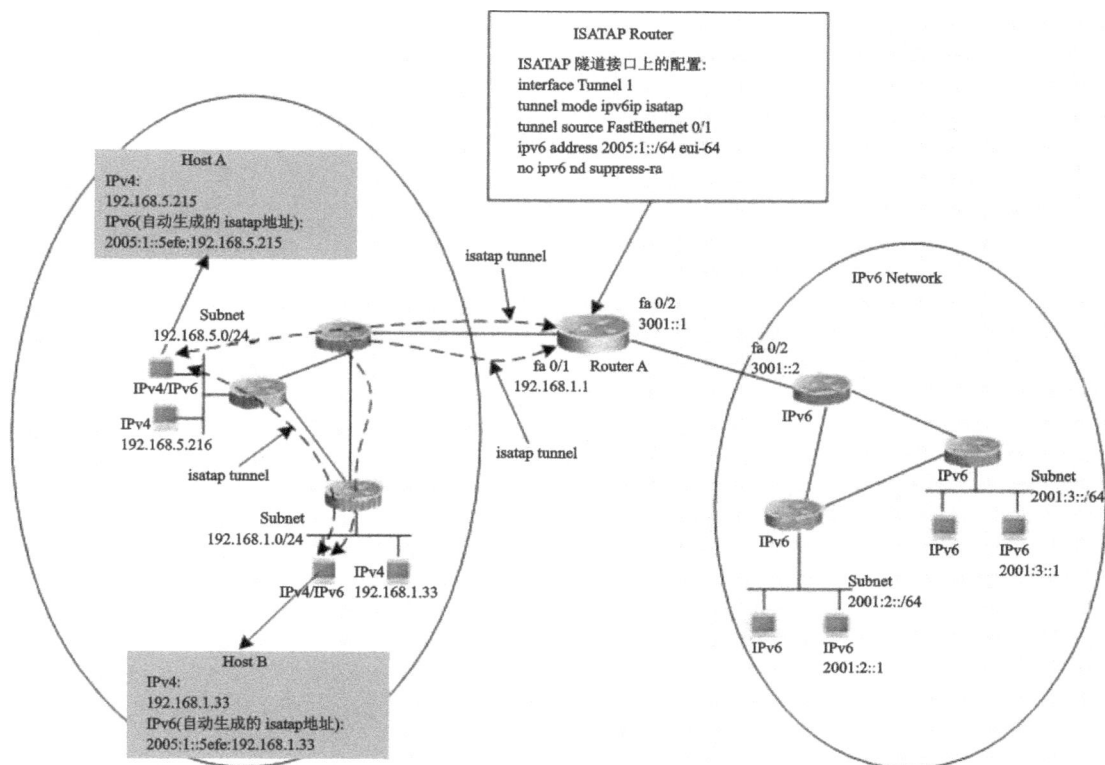

图 3-7 配置 ISATAP 隧道实训环境

3. 实训步骤

图 3-7 中 ISATAP Router(Router A)的配置如下。

连接 IPv4 网络的接口：

interface FastEthernet 0/1

no switchporouter

ip address 192.168.1.1 255.255.255.0

配置 ISATAP 隧道接口：

interface Tunnel 1

tunnel mode ipv6ip isatap

tunnel source FastEthernet 0/1

ipv6 address 2005:1::/64 eui-64

no IPv6 nd suppress-ra

连接 IPv6 网络的接口：

interface FastEthernet 0/2

no switchporouter

ipv6 address 3001::1/64

配置到 IPv6 网络的路由：

ipv6 route 2001::/64 3001::2

五、配置 ISATAP 和 6to4 隧道综合应用实训

1. 实训目标

(1)图 3-8 是一个 6to4 隧道和 ISATAP 隧道混合使用的拓扑。通过 6to4 隧道技术将各个 6to4 站点互联起来，并通过 6to4 relay router 将 6to4 站点接入 Cernet 网络，同时在 6to4 站点内部使用了 ISATAP 隧道技术，在站内被 IPv4 隔离的 IPv6 主机通过 ISATAP 隧道进行 IPv6 通信。

(2)图 3-8 中所使用的全局 IP 地址包括 6to4 Relay 路由器的地址仅仅是为了举例方便，实际规划拓扑时应该使用真正的全局 IP 地址及 6to4 Relay 的地址，目前有不少组织提供了免费公开的 6to4 Relay 路由器的地址。

2. 实训环境

配置 ISATAP 和 6to4 隧道综合应用实训环境见图 3-8。

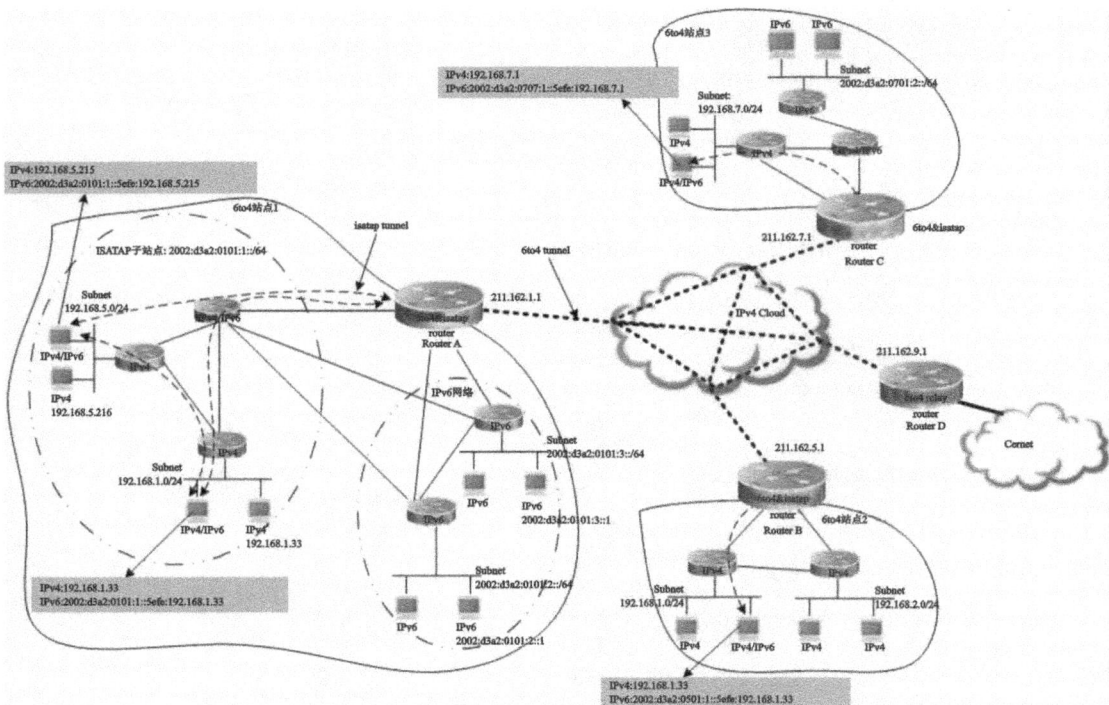

图 3-8　配置 ISATAP 和 6to4 隧道综合应用实训环境

3. 实训步骤

(1)Router A 的配置。

连接 Internet 网络的接口：

interface GigabitEthernet 0/1

no switchporouter

ip address 211.162.1.1 255.255.255.0

连接站点内部的 IPv4 网络的接口：

interface FastEthernet 0/1

no switchporouter

ip address 192.168.0.1 255.255.255.0

配置 ISATAP 隧道接口：

interface Tunnel 1

tunnel mode ipv6ip isatap

tunnel source FastEthernet 0/1

ipv6 address 2002:d3a2:0101:1::/64 eui-64

no IPv6 nd suppress-ra

连接 IPv6 网络的接口 1：

interface FastEthernet 0/2

no switchporouter

2002:d3a2:0101:10::1/64

连接 IPv6 网络的接口 2：

interface FastEthernet 0/2

no switchporouter

2002:d3a2:0101:20::1/64

配置 6to4 隧道接口：

interface Tunnel 2

tunnel mode ipv6ip 6to4

ipv6 enable

tunnel source GigabitEthernet 0/1

配置进入 6to4 隧道的路由：

ipv6 route 2002::/16 Tunnel 2

配置到 6to4 中继路由器 Router D 的路由，以便可以访问 Cernet 网络：

ipv6 route::/0 2002:d3a2::0901::1

(2)Router B 的配置。

连接 Internet 网络的接口：

interface GigabitEthernet 0/1

no switchporouter

ip address 211.162.5.1 255.255.255.0

连接站点内部的 IPv4 网络的接口 1：

interface FastEthernet 0/1

no switchporouter

ip address 192.168.10.1 255.255.255.0

连接站点内部的 IPv4 网络的接口 2：

interface FastEthernet 0/2

no switchporouter

ip address 192.168.20.1 255.255.255.0

配置 ISATAP 隧道接口：

interface Tunnel 1

tunnel mode ipv6ip isatap

tunnel source FastEthernet 0/1

ipv6 address 2002:d3a2:0501:1::/64 eui-64

no IPv6 nd suppress-ra

配置 6to4 隧道接口：

interface Tunnel 2

tunnel mode ipv6ip 6to4

ipv6 enable

tunnel source GigabitEthernet 0/1

配置进入 6to4 隧道的路由：

ipv6 route 2002::/16 Tunnel 2

配置到 6to4 中继路由器 Router D 的路由，以便可以访问 Cernet 网络：

ipv6 route::/0 2002:d3a2::0901::1

（3）Router C 的配置。

连接 Internet 网络的接口：

interface GigabitEthernet 0/1

no switchporouter

ip address 211.162.7.1 255.255.255.0

连接站点内部的 IPv4 网络的接口：

interface FastEthernet 0/1

no switchporouter

ip address 192.168.0.1 255.255.255.0

配置 ISATAP 隧道接口：

interface Tunnel 1

tunnel mode ipv6ip isatap

tunnel source FastEthernet 0/1

ipv6 address 2002:d3a2:0701:1::/64 eui-64

no IPv6 nd suppress-ra

连接 IPv6 网络的接口：

interface FastEthernet 0/2

no switchporouter

2002:d3a2:0701:10::1/64

配置 6to4 隧道接口：

interface Tunnel 2

tunnel mode ipv6ip 6to4

ipv6 enable

tunnel source GigabitEthernet 0/1

配置进入 6to4 隧道的路由：

ipv6 route 2002::/16 Tunnel 2

配置到 6to4 中继路由器 Router D 的路由，以便可以访问 Cernet 网络：

ipv6 route::/0 2002:d3a2::0901::1

(4)Router D(6to4 Relay)的配置。

连接 Internet 网络的接口：

interface GigabitEthernet 0/1

no switchporouter

ip address 211.162.3.1 255.255.255.0

连接 IPv6 网络的接口：

interface FastEthernet 0/1

no switchporouter

2001::1/64

no IPv6 nd suppress-ra

配置 6to4 隧道接口：

interface Tunnel 1

tunnel mode ipv6ip 6to4

ipv6 address 2002:d3a2::0901::1/64

tunnel source GigabitEthernet 0/1

配置进入 6to4 隧道的路由：

ipv6 route 2002::/16 Tunnel 1

六、配置 IPv4 over IPv4 GRE 隧道实训

1. 实训目标

如图 3-9 所示，IPv4 Network 1 的用户想要通过 GRE IP 隧道的方式访问 IPv4 Network 2 的服务器。

假设 Network 1 的网络为 1.1.1.0/24，Network 2 的网络为 3.3.3.0/24。隧道两端的源目的 IP 假设分别为 2.2.2.1 和 2.2.2.2（假设 IPv4 路由是连通的，不考虑 IPv4 路由的配置）。

2. 实训环境

配置 IPv4 over IPv4 GRE 隧道实训环境见图 3-9。

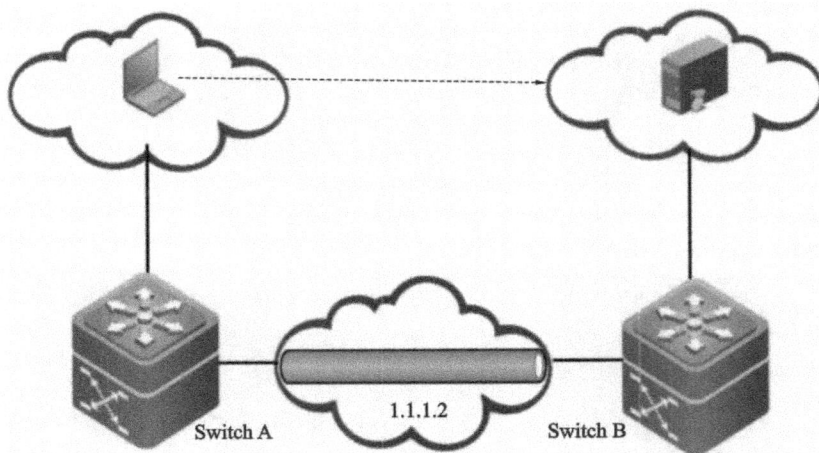

图 3-9　IPv4 over IPv4 GRE 隧道配置实训环境

3. 实训步骤

(1)Switch A 的配置。

连接配置 INT VLAN 1 接口：

interface vlan 1

ip address 1.1.1.1 255.255.255.0

配置 GRE IP 隧道接口：

interface Tunnel 1

ip address 100.0.0.1 255.255.255.0

tunnel mode gre ip

tunnel source int vlan 1

tunnel destination 2.2.2.2

配置进入隧道的路由：

ip route 3.3.3.0 255.255.255.0 Tunnel 1

(2)Switch B 的配置。

连接配置 INT VLAN 1 接口：

interface vlan 1

ip address 3.3.3.1 255.255.255.0

配置 GRE IP 隧道接口：

interface Tunnel 1

ip address 100.0.0.2 255.255.255.0

tunnel mode gre ip

tunnel source int vlan 1

tunnel destination 2.2.2.1

配置进入隧道的路由：

ip route 1.1.1.0 255.255.255.0 Tunnel 1

任务拓展

1. 实训目标

PC 端处于 IPv4 网络中,现要通过 IPv4 网络获取 IPv6 地址,访问 IPv6 资源

2. 实训环境

任务拓展实训环境见图 3-10。

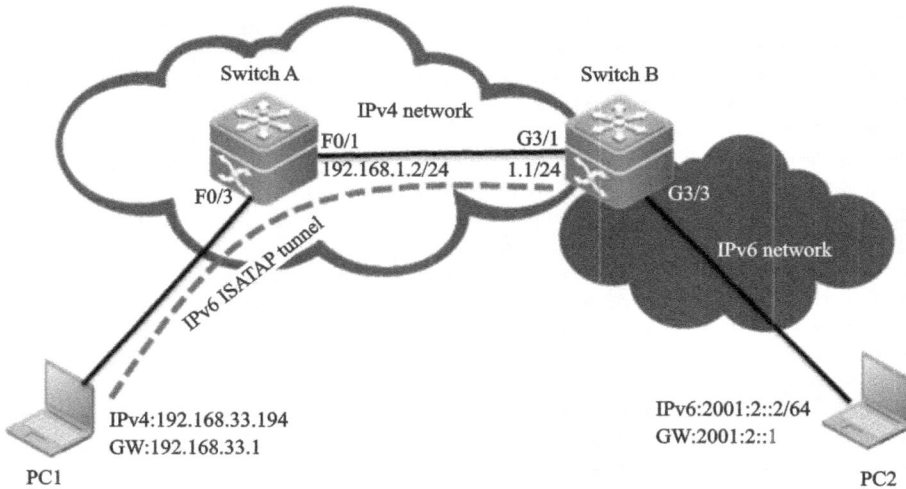

图 3-10　任务拓展实训环境

3. 实训要点

(1)PC 端需要安装 IPv6 协议(如为 Win7 或 Vista 系统不需要安装,系统自带),并且添加 ISATAP 隧道路由。

(2)ISATAP 设备需要设置 Tunnel 接口、隧道类型,配置隧道源 IP、IPv6 EUI 地址(或 IPv6 地址)等。

任务四　MSTP

◆ **知识目标**

❏ 了解 MSTP 的技术原理。
❏ 掌握 MSTP 的配置方法。

◆ **能力目标**

✿ 熟练掌握 MSTP 相关配置命令。
✿ 学会运用 MSTP 配置技术,解决交换机环路问题。

◆ **任务描述**

　　某公司网络采用 RSTP 技术后,交换机端口状态切换时间明显缩短,公司网络经过认真维护一直稳定运行。但是,经过一段时间后,发现公司的网络流量都集中在两台核心交换机中的一台根交换机上,所有链路都以它为中心向外拓展,而另一台非根交换机工作量较少,负载明显不平衡,该采取什么措施解决此问题呢?

知识储备

一、MSTP 概述

　　1983 年,拉迪亚·珀尔曼发明了生成树算法(Spanning Tree Algorithm),研制出用于网桥(交换机)设备的生成树协议(Spanning Tree Protocol,STP),从而避免了报文在环路网络中的增生和无限循环,解决了环路网络"广播风暴"的问题。生成树协议是一种二层管理协议,它通过有选择性地阻塞网络冗余链路来达到消除网络二层环路的目的,同时具备链路的备份功能。生成树协议分为 STP、RSTP 和 MSTP,本任务将重点讲述 MSTP。

　　MSTP(Multiple Spanning Tree Protocol,多生成树协议),对应的标准是 IEEE 802.1。MSTP 可以对网络中众多的 VLAN 进行分组,一些 VLAN 分到一个组里,另外一些 VLAN 分到另外的组里,这里的"组"就是 MST(多生成树实例)。每个实例对应一个生成树,BPDU (网桥协议数据单元)是只在实例内部发送的,分组后所发送的 BPDU 数量明显减少了,从而减轻了交换机的通信负担。MSTP 将环路网络修剪成为一个无环的树形网络,避免报文在环路网络中的增生和无限循环,同时提供了数据转发的多个冗余路径,在数据转发过程中实现 VLAN 数据的负载均衡。MSTP 兼容 STP 和 RSTP,并且可以弥补 STP 和 RSTP 的缺陷。它既可以快速收敛,又能使不同 VLAN 的流量沿各自的路径分发,从而为冗余链路提供了更好的负载分担机制。

二、配置 MSTP

(一)缺省的 Spanning Tree 配置
　　表 4-1 列出了 Spanning Tree 的缺省配置。
表 4-1

项目	缺省值
Enable State	Disable,不打开 STP
STP MODE	MSTP
STP Priority	32768
STP port Priority	128
STP port cost	根据端口速率自动判断
Hello Time	2s
Forward-delay Time	15s

续表

命令	作用
Max-age Time	20s
Path Cost 的缺省计算方法	长整型
Tx-Hold-Count	3
Link-type	根据端口双工状态自动判断
Maximum hop count	20
VLAN 与实例对应关系	所有 VLAN 属于实例 0,只存在实例 0

可通过 spanning-tree reset 命令让 Spanning Tree 参数恢复到缺省配置(不包括关闭 Span)。

(二)打开、关闭 Spanning Tree 协议

打开 Spanning Tree 协议,设备即开始运行生成树协议,设备缺省运行的是 MSTP 协议;设备的缺省状态是关闭 Spanning-tree 协议。

进入特权模式,按表 4-2 步骤打开 Spanning Tree 协议。

表 4-2

命令	作用
Switch# configure terminal	进入全局配置模式
Switch(config)# spanning-tree	打开 Spanning Tree 协议
Switch(config)# end	退回到特权模式
Switch# show spanning-tree	核对配置条目
Switch# copy running-config startup-config	保存配置

如果要关闭 Spanning Tree 协议,可用 no spanning-tree 全局配置命令进行设置。

(三)配置 Spanning Tree 的模式

按 IEEE 802.1 相关协议标准,STP、RSTP、MSTP 这三个版本的 Spanning Tree 协议本来就无须管理员再多做设置,版本间自然会互相兼容。但考虑到有些厂家不完全按标准实现,可能会导致一些兼容性的问题。因此提供一条命令配置,以供管理员在发现某些厂家的设备不兼容时,能够切换到低版本的 Spanning Tree 模式,以兼容之。

设备的缺省模式是 MSTP 模式。进入特权模式,按表 4-3 步骤打开 Spanning Tree 协议。

表 4-3

命令	作用
Switch# configure terminal	进入全局配置模式
Switch(config)# spanning-tree mode mstp/rstp/stp	切换 Spanning Tree 模式

续表

命令	作用
Switch(config)# end	退回到特权模式
Switch# show spanning-tree	核对配置条目
Switch# copy running-config startup-config	保存配置

如果要恢复 Spanning Tree 协议的缺省模式,可用 no spanning-tree mode 全局配置命令进行设置。

(四)配置设备优先级

配置设备的优先级关系着到底哪个设备为整个网络的根,同时关系到整个网络的拓扑结构。建议管理员把核心设备的优先级设得高些(数值小),这样有利于整个网络的稳定。可以给不同的 Instance 分配不同的设备优先级,各个 Instance 可根据这些值运行独立的生成树协议。对于不同 Region 间的设备,它们只关心 CIST(Instance 0)的优先级。

优先级的设置值有 16 个,都为 4096 的倍数,分别是 0、4096、8192、12288、16384、20480、24576、28672、32768、36864、40960、45056、49152、53248、57344、61440。缺省值为 32768。

进入特权模式,按表 4-4 步骤配置设备优先级。

表 4-4

命令	作用
Switch# configure terminal	进入全局配置模式
Switch(config)# spanning-tree [mst instance-id] priority priority	针对不同的 Instance 配置设备的优先级,如果不加 Instance 参数时,表示对 Instance 0 进行配置。Instance-id 范围为 0~64;priority 取值范围为 0~61440,按 4096 的倍数递增,缺省值为 32768
Switch(config)# end	退回到特权模式
Switch# show running-config	核对配置条目
Switch# copy running-config startup-config	保存配置

如果要恢复到缺省值,可用 no spanning-tree mst instance-id priority 全局配置命令进行设置。

(五)配置端口优先级

当两个端口都连在一个共享介质上时,设备会选择一个高优先级(数值小)的端口进入 Forwarding 状态,低优先级(数值大)的端口进入 Discarding 状态。如果两个端口的优先级一样,就选端口号小的那个进入 Forwarding 状态。用户可以在一个端口上给不同的 Instance 分配不同的端口优先级,各个 Instance 可根据这些值运行独立的生成树协议。

和设备的优先级一样，端口可配置的优先级值也有 16 个，都为 16 的倍数，分别是 0、16、32、48、64、80、96、112、128、144、160、176、192、208、224、240。缺省值为 128。

进入特权模式，按表 4-5 步骤配置端口优先级。

表 4-5

命令	作用
Switch# configure terminal	进入全局配置模式
Switch(config)# interface interface-id	进入该 Interface 的配置模式，合法的 interface 包括物理端口和 Aggregate Link
Switch(config-if)# spanning-tree ［mst instance-id］port-priority priority	针对不同的 Instance 配置端口的优先级，当不加 Instance 参数时，即对 Instance 0 进行配置。Instance-id 范围为 0～64；priority 配置该 Interface 的优先级，取值范围为 0～240，按 16 的倍数递增，缺省值为 128
Switch(config-if)# end	退回到特权模式
Switch# show spanning-tree ［mst instance-id］interface interface-id	核对配置条目
Switch# copy running-config startup-config	保存配置

如果要恢复到缺省值，可用 no spanning-tree mst instance-id port-priority 接口配置命令进行设置。

（六）配置端口的路径代价

设备是根据哪个端口到根桥（Root Bridge）的路径代价（Path Cost）总和最小而选定 Root Port 的，因此 Port Path Cost 的设置关系到设备的 Root Port。它的缺省值是按 Interface 的链路速率（Media Speed）自动计算的，速率高的代价小，如果管理员没有特别需要可不必更改它，因为这样算出的 Path Cost 最科学。可以在一个端口上针对不同的 Instance 分配不同的路径代价，各个 Instance 可根据这些值运行独立的生成树协议。

进入特权模式，按表 4-6 步骤配置端口路径代价。

表 4-6

命令	作用
Switch# configure terminal	进入全局配置模式
Switch(config)# interface interface-id	进入该 Interface 的配置模式，合法的 Interface 包括物理端口和 Aggregate Link
Switch(config-if)# spanning-tree ［mst instance-id］cost cost	针对不同的 Instance 配置端口的优先级，当不加 Instance 参数时，即对 Instance 0 进行配置。Instance-id 范围为 0～64 cost，配置该端口上的花费的取值范围为 1～200000000。缺省值根据 Interface 的链路速率自动计算

续表

命令	作用
Switch(config-if)# end	退回到特权模式
Switch # show spanning-tree [mst instance-id] interface interface-id	核对配置条目
Switch# copy running-config startup-config	保存配置

如果要恢复到缺省值,可用 no spanning-tree mst cost 接口配置命令进行设置。

(七)配置 Path Cost 的缺省计算方法

当端口的 Path Cost 为缺省值时,设备会自动根据端口速率计算出该端口的 Path Cost。但 IEEE 802.1d-1998 和 IEEE 802.1t 对相同的链路速率规定了不同 Path Cost 值,802.1d-1998 的取值范围是短整型(short)(1~65535),802.1t 的取值范围是长整型(long)(1~200000000)。其中对于 AP 的 Cost 值有两个方案:私有方案固定为物理口的 Cost 值×95%;标准推荐的方案为 20000000000/(AP 的实际链路带宽),其中 AP 的实际链路带宽为成员口的带宽×UP 成员口个数。用户应该统一好整个网络内 Path Cost 的标准。缺省模式为私有长整型模式。

进入特权模式,按表 4-7 步骤配置端口路径花费的缺省计算方法。

表 4-7

命令	作用
Switch# configure terminal	进入全局配置模式
Switch(config)# spanning-tree path cost method {{long [standard]}|short}	配置端口路径花费的缺省计算方法,设置值为私有长整型(long)、标准长整型(standard long)或短整型(short),缺省值为私有长整型(long)
Switch(config)# end	退回到特权模式
Switch# show running-config	核对配置条目
Switch# copy running-config startup-config	保存配置

如果要恢复到缺省值,可用 no spanning-tree path cost method 全局配置命令进行设置。

(八)配置 Hello Time

配置设备定时发送 BPDU 报文的时间间隔。缺省值为 2s。进入特权模式,按表 4-8 步骤配置 Hello Time。

表 4-8

命令	作用
Switch# configure terminal	进入全局配置模式

续表

命令	作用
Switch（config）# spanning-tree hello-time seconds	配置 Hello time，取值范围为 1～10s，缺省值为 2s
Switch(config)# end	退回到特权模式
Switch# show running-config	核对配置条目
Switch# copy running-config startup-config	保存配置

如果要恢复到缺省值，可用 no spanning-tree hello-time 全局配置命令进行设置。

（九）配置 Forward-Delay Time

配置端口状态改变的时间间隔。缺省值为 15s。进入特权模式，按表 4-9 步骤配置 Forward-Delay Time。

表 4-9

命令	作用
Switch# configure terminal	进入全局配置模式
Switch（config）# spanning-tree forward-time seconds	配置 Forward-Delay Time，取值范围为 4～30s，缺省值为 15s
Switch(config)# end	退回到特权模式
Switch# show running-config	核对配置条目
Switch# copy running-config startup-config	保存配置

如果要恢复到缺省值，可用 no spanning-tree forward-time 全局配置命令进行设置。

（十）配置 Max-Age Time

配置 BDPU 报文的最大生存时间，默认值是 20s。可以通过表 4-10 命令进行配置，取值范围为 6～40s。

表 4-10

命令	作用
Switch# configure terminal	进入全局配置模式
Switch（config）# spanning-tree max-age seconds	配置 Max-Age Time，取值范围为 6～40s，缺省值为 20s
Switch(config)# end	退回到特权模式
Switch# show running-config	核对配置条目
Switch# copy running-config startup-config	保存配置

如果要恢复到缺省值,可用 no spanning-tree max-age 全局配置命令进行设置。

(十一)配置 Tx-Hold-Count

配置每秒最多发送的 BPDU 个数,缺省值为 3 个。进入特权模式,按表 4-11 步骤配置 Tx-Hold-Count。

表 4-11

命令	作用
Switch# configure terminal	进入全局配置模式
Switch(config)# spanning-tree tx-hold-count numbers	配置每秒最多发送的 BPDU 个数,取值范围为 1~10 个,缺省值为 3 个
Switch(config)# end	退回到特权模式
Switch# show running-config	核对配置条目
Switch# copy running-config startup-config	保存配置

如果要恢复到缺省值,可用 no spanning-tree tx-hold-count 全局配置命令进行设置。

(十二)配置 Link-Type

配置该端口的连接类型是不是点对点连接,这一点关系到 RSTP 是否能快速地收敛。当不设置该值时,设备会根据端口的"双工"状态来自动设置,全"双工"的端口就设 Link-Type 为 point-to-point,半"双工"就设为 shared。也可以强制设置 Link-Type 来决定端口的连接是不是"点对点连接"。

进入特权模式,按表 4-12 步骤配置端口的 Link-Type。

表 4-12

命令	作用
Switch# configure terminal	进入全局配置模式
Switch(config)# interface interface-id	进入接口配置模式
Switch(config-if)# spanning-tree link-type point-to-point / shared	配置该 Interface 的连接类型,缺省值为根据端口"双工"状态来自动判断是不是点对点连接。全"双工"为点对点连接,即可以快速 Forwarding
Switch(config-if)# end	退回到特权模式
Switch# show running-config	核对配置条目
Switch# copy running-config startup-config	保存配置

如果要恢复到缺省值,可用 no spanning-tree link-type 接口配置命令进行设置。

(十三)配置 Protocol Migration 处理

配置 Protocol Migration 处理是让端口强制进行版本检查(表 4-13)。相关说明请参看 RSTP 与 STP 的兼容。

表 4-13

命令	作用
Switch# clear spanning-tree detected-protocols	对所有端口强制版本检查
Switch# clear spanning-tree detected-protocols interface interface-id	针对一个端口进行版本检查

（十四）配置 MSTP Region

要让多台设备处于同一个 MSTP Region,就要让这几台设备有相同的名称、相同的 Revision Number 和相同的 Instance-VLAN 对应表。可以配置 0～64 号 Instance 包含哪些 VLAN,剩下的 VLAN 就自动分配给 Instance 0。一个 VLAN 只能属于一个 Instance。

建议用户在关闭 STP 的模式下配置 Instance-VLAN 的对应表,配置好后再打开 MSTP,以保证网络拓扑的稳定和收敛。

进入特权模式,按表 4-14 步骤配置 MSTP Region。

表 4-14

命令	作用
Switch# configure terminal	进入全局配置模式
Switch(config)# spanning-tree mst configuration	进入 MST 配置模式
Switch(config-mst)# instance instance-id vlan vlan-range	把 VLAN 组添加到一个 MST Instance 中。Instance-id 范围为 0～64,VLAN-range 范围为 1～4094。例如,Instance 1 VLAN 2-200 就是把 VLAN 2 到 VLAN 200 都添加到 Instance 1 中。Instance 1 VLAN 2,20,200 就是把 VLAN 2、VLAN 20,VLAN 200 添加到 Instance 1 中。同样,可以用 no 命令把 VLAN 从 Instance 中删除,删除的 VLAN 自动转入 Instance 0
Switch(config-mst)# name name	指定 MST 配置名称,该字符串最多可以有 32 bytes
Switch(config-mst)# revision version	指定 MST revision number 范围为 0～65535。缺省值为 0
Switch(config-mst)# show spanning-tree mst configuration	核对 MST 的配置条目
Switch(config-mst)# end	退回到特权模式
Switch# copy running-config startup-config	保存配置

要恢复缺省的 MST Region Configuration 配置,可以用 no spanning-tree mst configuration 全局配置命令,也可以用 no instance instance-id 来删除该 Instance。同样,no name 和 no revision 可以分别把 MST name 和 MST revision number 恢复到缺省值。

以下为配置实例:

Switch(config)♯ spanning-tree mst configuration

Switch(config-mst)♯ instance 1 vlan 10-20

Switch(config-mst)♯ name region1

Switch(config-mst)♯ revision 1

Switch(config-mst)♯ show spanning-tree mst configuration Multi spanning tree protocol:Enable Name [region1]

Revision 1

Instance Vlans Mapped

----

0 1-9,21-4094

1 10-20

Switch(config-mst)♯ exit

Switch(config)♯

(十五)配置 Maximum-Hop Count

配置 Maximum-Hop Count,指定 BPDU 在一个 Region 内经过多少台设备后被丢弃。它对所有 Instance 有效。进入特权模式,按表 4-15 步骤配置 Maximum-Hop Count。

表 4-15

命令	作用
Switch♯ configure terminal	进入全局配置模式
Switch(config)♯ spanning-tree max-hops hop-count	配置 Maximum-Hop Count,范围为 1～40,缺省值为 20
Switch(config)♯ end	退回到特权模式
Switch♯ show running-config	核对配置条目
Switch♯ copy running-config startup-config	保存配置

如果要恢复到缺省值,可用 no spanning-tree max-hops 全局配置命令进行设置。

(十六)配置接口的兼容性模式

配置接口的兼容性模式,可以使该端口发送 BPDU 时根据当前端口的属性有选择地携带不同的 MSTI 的信息,以实现与其他设备之间的互联。

进入特权模式,按表 4-16 步骤配置接口的兼容性模式。

表 4-16

命令	作用
Switch# configure terminal	进入全局配置模式
Switch(config)# interface interface-id	进入接口配置模式
Switch(config-if)# spanning-tree compatible enable	打开接口的兼容性模式
Switch(config-if)# end	退回到特权模式
Switch# show running-config	核对配置条目
Switch# copy running-config startup-config	保存配置

如果要取消该配置，可用 no spanning-tree compatible enable 接口配置命令进行设置。

(十七)清除 STP 统计信息

清除 STP 统计信息是清除 STP 的收发包统计信息(表 4-17)。收发包统计信息可以通过 show spanning-tree counters 命令查看。

表 4-17

命令	作用
Switch# clear spanning-tree counters	清除所有端口的收发包统计信息
Switch# clear spanning-tree counters interface interface-id	清除指定端口的收发包统计信息

三、配置 MSTP 可选特性

(一)缺省的生成树可选特性设置

可选特性除了边缘口的自动识别功能缺省打开外，其他功能缺省都是关闭的。

(二)打开 PortFast

打开 PortFast 后该端口会直接转发。但会因为收到 BPDU 而使 PortFast Operational State 为 disabled，从而正常参与 STP 算法而转发。

进入特权模式，按表 4-18 步骤配置 PortFast。

表 4-18

命令	作用
Switch# configure terminal	进入全局配置模式
Switch(config)# interface interface-id	进入该 Interface 的配置模式，合法的 Interface 包括物理端口和 Aggregate Link
Switch(config-if)# spanning-tree portfast	打开该 Interface 的 PortFast

续表

命令	作用
Switch(config-if)# end	退回到特权模式
Switch# show spanning-tree interface interface-id portfast	核对配置条目
Switch# copy running-config startup-config	保存配置

如果要关闭 PortFast,在 Interface 配置模式下用 spanning-tree portfast disable 命令进行设置。可以用全局配置命令 spanning-tree portfast default 来打开所有端口的 PortFast。

(三)打开 BPDU Guard

端口打开 BPDU Guard 后,如果在该端口上收到 BPDU,则会进入 Error-disabled 状态。

进入特权模式,按表 4-19 步骤配置 BPDU Guard。

表 4-19

命令	作用
Switch# configure terminal	进入全局配置模式
Switch(config)# spanning-tree portfast bpduguard default	在全局配置模式下打开 BPDU Guard
Switch(config)# interface interface-id	进入该 Interface 的配置模式,合法的 Interface 包括物理端口和 Aggregate Link
Switch(config-if)# spanning-tree portfast	打开该 Interface 的 PortFast。全局的 BPDU Guard 配置才生效
Switch(config-if)# end	退回到特权模式
Switch# show running-config	核对配置条目
Switch# copy running-config startup-config	保存配置

如果要关闭 BPDU Guard,可用全局配置命令 no spanning-tree portfast bpduguard default 进行设置。

如果要针对单个 Interface 打开 BPDU Guard,可用 Interface 配置命令 spanning-tree bpduguard enable 进行设置,用 spanning-tree bpduguard disable 关闭 BPDU Guard。

(四)打开 BPDU Filter

打开 BPDU Filter 后,相应端口既不发送 BPDU,也不接收 BPDU。

进入特权模式,按表 4-20 步骤配置端口 BPDU Filter。

表 4-20

命令	作用
Switch# configure terminal	进入全局配置模式
Switch（config）# spanning-tree portfast bpdufilter default	在全局配置模式下打开 BPDU Filter
Switch(config)# interface interface-id	进入该 Interface 的配置模式，合法的 Interface 包括物理端口和 Aggregate Link
Switch(config-if)# spanning-tree portfast	打开该 Interface 的 PortFast。在全局配置模式下 BPDU Filter 配置才生效
Switch(config-if)# end	退回到特权模式
Switch# show running-config	核对配置条目
Switch# copy running-config startup-config	保存配置

如果要关闭 BPDU Filter，可以用全局配置命令 no spanning-tree portfast bpdufilter default 进行设置。

如果要针对单个 Interface 打开 BPDU Filter，可以用 Interface 配置命令 spanning-tree bpdufilter enable 进行设置，用 spanning-tree bpdufilter disable 关闭 BPDU Guard。

（五）打开 TC-Protection

进入特权模式，按表 4-21 步骤配置 TC-Protection。

表 4-21

命令	作用
Switch# configure terminal	进入全局配置模式
Switch(config)# spanning-tree tc-protection	在全局配置模式下打开 TC-Protection
Switch(config)# end	退回到特权模式
Switch# show running-config	核对配置条目
Switch# copy running-config startup-config	保存配置

如果要关闭 TC-Protection，可以用全局配置命令 no spanning-tree tc-protection 进行设置。

（六）打开 TC-Guard

进入特权模式，按表 4-22 步骤配置全局的 TC-Guard。

表 4-22

命令	作用
Switch#configure terminal	进入全局配置模式
Switch(config)#spanning-tree tc-protection tc-guard	在全局配置模式下打开 TC-Guard
Switch(config)#end	退回到特权模式
Switch#show running-config	核对配置条目
Switch#copy running-config startup-config	保存配置

进入特权模式,按表 4-23 步骤配置接口下的 TC-Guard。

表 4-23

命令	作用
Switch#configure terminal	进入全局配置模式
Switch(config)#interface interface-id	进入该 Interface 的配置模式,合法的 Interface 包括物理端口和 Aggregate Link
Switch(config-if)#spanning-tree tc-guard	打开该 Interface 的 TC-Guard
Switch(config-if)#end	退回到特权模式
Switch#show running-config	核对配置条目
Switch#copy running-config startup-config	保存配置

(七)打开 TC 过滤

进入特权模式,按表 4-24 步骤配置接口下的 TC 过滤功能。

表 4-24

命令	作用
Switch#configure terminal	进入全局配置模式
Switch(config)#interface interface-id	进入该 Interface 的配置模式,合法的 Interface 包括物理端口和 Aggregate Link
Switch(config-if)#spanning-tree ignore tc	打开该 Interface 的 TC 过滤
Switch(config-if)#end	退回到特权模式
Switch#show running-config	核对配置条目
Switch#copy running-config startup-config	保存配置

如果需要关闭 TC 过滤功能,可以在接口模式下使用 no spanning-tree ignore tc 命令进行设置。

(八)打开 BPDU 源 MAC 检查

打开 BPDU 源 MAC 检查,将只接收源 MAC 地址为指定 MAC 的 BPDU,过滤掉其他所有接收的 BPDU。进入接口模式,按表 4-25 步骤配置 BPDU 源 MAC 检查。

表 4-25

命令	作用
Switch# configure terminal	进入全局配置模式
Switch(config)# interface interface-id	进入该 Interface 的配置模式,合法的 Interface 包括物理端口和 Aggregate Link
Switch(config-if)# bpdu src-mac-check H. H. H	打开 BPDU 源 MAC 检查
Switch(config-if)# end	退回到特权模式
Switch# show running-config	核对配置条目
Switch# copy running-config startup-config	保存配置

如果要关闭 BPDU 源 MAC 检查,可以在接口模式下使用 no bpdu src-mac-check 命令进行设置。

(九)关闭边缘端口的自动识别

在一定的时间范围内(如 3s),如果指派端口没有收到 BPDU,则自动识别为边缘端口。端口会因为收到 BPDU 而使 PortFast Operational State 为 disabled,该功能缺省是打开的。

进入特权模式,按表 4-26 步骤配置自动识别(Autoedge)。

表 4-26

命令	作用
Switch# configure terminal	进入全局配置模式
Switch(config)# interface interface-id	进入该 Interface 的配置模式,合法的 Interface 包括物理端口和 Aggregate Link
Switch(config-if)# spanning-tree autoedge	打开该 Interface 的 Autoedge
Switch(config-if)# end	退回到特权模式
Switch# show spanning-tree interface interface-id	核对配置条目
Switch# copy running-config startup-config	保存配置

如果要关闭 Autoedge,在 Interface 配置模式下用配置命令 spanning-tree autoedge cisa-bled 进行设置。

(十)打开 Root Guard

进入特权模式,按表 4-27 步骤配置接口的 Root Guard。

表 4-27

命令	作用
Switch# configure terminal	进入全局配置模式
Switch(config)# interface interface-id	进入该 Interface 的配置模式,合法的 Interface 包括物理端口和 Aggregate Link
Switch (config-if) # spanning-tree guard root	打开接口的 Root Guard 特性
Switch(config-if)# end	退回到特权模式
Switch# show running-config	核对配置条目
Switch# copy running-config startup-config	保存配置

(十一)打开 Loop Guard

进入特权模式,按表 4-28 步骤配置全局的 Loop Guard。

表 4-28

命令	作用
Switch# configure terminal	进入全局配置模式
Switch (config) # spanning-tree loop guard default	打开全局的 Loop Guard
Switch(config)# end	退回到特权模式
Switch# show running-config	核对配置条目
Switch# copy running-config startup-config	保存配置

进入特权模式,按表 4-29 步骤配置接口模式下的 Loop Guard。

表 4-29

命令	作用
Switch# configure terminal	进入全局配置模式
Switch(config)# interface Interface-id	进入该 Interface 的配置模式,合法的 Interface 包括物理端口和 Aggregate Link

续表

命令	作用
Switch （ config-if ） # spanning-tree guard loop	打开该 interface 的 Loop Guard
Switch(config-if) # end	退回到特权模式
Switch # show running-config	核对配置条目
Switch # copy running-config startup-config	保存配置

（十二）关闭接口的保护功能

进入特权模式，按表 4-30 步骤关闭接口的根或环路保护功能。

表 4-30

命令	作用
Switch # configure terminal	进入全局配置模式
Switch (config) # interface interface-id	进入该 Interface 的配置模式，合法的 Interface 包括物理端口和 Aggregate Link
Switch （ config-if ） # spanning-tree guard none	关闭接口的 guard 功能
Switch(config-if) # end	退回到特权模式
Switch # show running-config	核对配置条目
Switch # copy running-config startup-config	保存配置

四、显示 MSTP 配置和状态

MSTP 提供了如表 4-31 所示的显示命令用于查看各种配置信息及运行时的信息。

表 4-31

命令	作用
show spanning-tree	显示 MSTP 的各项参数信息及生成树的拓扑信息
show spanning-tree counters [interface interface-id]	显示 MSTP 的收发包统计信息
show spanning-tree summary	显示 MSTP 的各 Instance 的信息及其端口转发状态信息
show spanning-tree inconsistent ports	显示因根保护或环路保护而受阻的端口
show spanning-tree mst configuration	显示 MST 域的配置信息

续表

命令	作用
show spanning-tree mst instance-id	显示该 Instance 的 MSTP 信息
show spanning-tree mst instance-id inter-face interface-id	显示指定 Interface 的对应 Instance 的 MSTP 信息
show spanning-tree interface interface-id	显示指定 Interface 的所有 Instance 的 MSTP 信息
show spanning-tree forward-time	显示 Forward-Time
show spanning-tree hello time	显示 Hello Time
show spanning-tree max-hops	显示 Max-Hops
show spanning-tree tx-hold-count	显示 Tx-Hold-Count
show spanning-tree path cost method	显示 Path Cost Method

任务实施

一、MSTP 配置实训

1. 实训目标

如图 4-1 所示,内网有 4 个 VLAN,VLAN 10 和 VLAN 20 的生成树根桥在核心交换机 A 上,VLAN 30 和 VLAN 40 的 VLAN 根桥在核心交换机 B 上。

2. 实训环境

MSTP 配置实训环境见图 4-1。

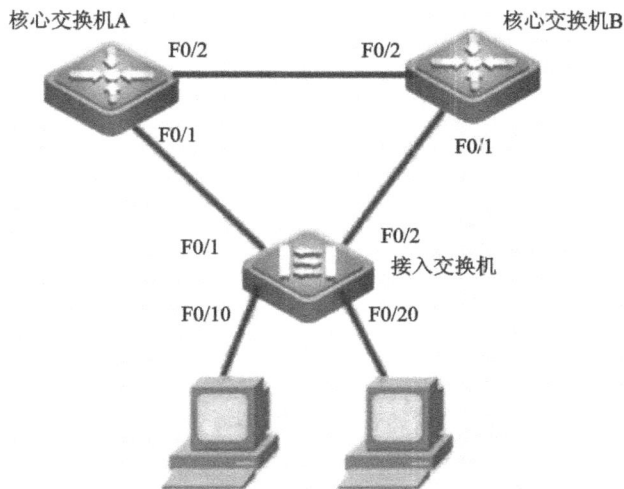

图 4-1 MSTP 配置实训环境

3. 实训步骤

(1)核心交换机 A 的配置。

Switch A＞enable

Switch A♯configure terminal

Switch A(config)♯vlan 10

Switch A(config-vlan)♯vlan 20

Switch A(config-vlan)♯vlan 30

Switch A(config-vlan)♯vlan 40

Switch A(config-vlan)♯exit

Switch A(config)♯spanning-tree

Switch A(config)♯spanning-tree mst configuration

Switch A(config-mst)♯ instance 1 vlan 10,20

Switch A(config-mst)♯ instance 2 vlan 30,40

Switch A(config-mst)♯spanning-tree mst 1 priority 4096

Switch A(config-mst)♯exit

Switch A(config)♯interface FastEthernet 0/1

Switch A(config-if-FastEthernet 0/1)♯switch mode trunk

Switch A(config)♯interface FastEthernet 0/2

Switch A(config-if-FastEthernet 0/2)♯switch mode trunk

(2)核心交换机 B 的配置。

Switch B＞enable

Switch B♯configure terminal

Switch B(config)♯vlan 10

Switch B(config-vlan)♯vlan 20

Switch B(config-vlan)♯vlan 30

Switch B(config-vlan)♯vlan 40

Switch B(config-vlan)♯exit

Switch B(config)♯spanning-tree

Switch B(config)♯spanning-tree mst configuration

Switch B(config-mst)♯ instance 1 vlan 10,20

Switch B(config-mst)♯ instance 2 vlan 30,40

Switch B(config-mst)♯spanning-tree mst 2 priority 4096

Switch B(configmst)♯exit

Switch B(config)♯interface FastEthernet 0/1

Switch B(config-if-FastEthernet 0/1)♯switch mode trunk

Switch B(config)♯interface FastEthernet 0/2

Switch B(config-if-FastEthernet 0/2)♯switch mode trunk

（3）接入交换机配置。

Switch＞enable

Switch♯configure terminal

Switch(config)♯vlan 10

Switch(config-vlan)♯vlan 20

Switch(config-vlan)♯vlan 30

Switch(config-vlan)♯vlan 40

Switch(config-vlan)♯exit

Switch(config)♯spanning-tree

Switch(config)♯spanning-tree mst configuration

Switch(config-mst)♯ instance 1 vlan 10,20

Switch(config-mst)♯ instance 2 vlan 30,40

Switch(config-mst)♯exit

Switch(config)♯interface FastEthernet 0/1

Switch(config-if-FastEthernet 0/1)♯switch mode trunk

Switch(config)♯interface FastEthernet 0/2

Switch(config-if-FastEthernet 0/2)♯switch mode trunk

（4）保存配置。

Switch(config)♯end

Switch♯write

（5）配置验证。

Switch♯show spanning-tree summary

Spanning tree enabled protocol mstp

MST 0 vlans map:1-9,11-19,21-29,31-39,41-4094

  Root ID   Priority   32768

         Address   001a. a976. 9d0a

         this bridge is root

         Hello Time 2 sec Forward Delay 15 sec Max Age 20 sec

  Bridge ID   Priority   32768

         Address   001a. a979. bc44

         Hello Time 2 sec Forward Delay 15 sec Max Age 20 sec

Interface Role Sts Cost Prio   Type   OperEdge

------------ ----   --- -------- -------- ----- ---------------

| Fa0/24 | Root | FWD | 200000 | 128 | P2p | False |
| Fa0/10 | Altn | BLK | 200000 | 128 | P2p | False |

MST 1 vlans map:10,20

Region Root Priority　4096

Address　　001a. a979. bc44

this bridge is region root

Bridge ID　Priority　　4096

Address　　001a. a979. bc44

Interface	Role Sts	Cost	Prio	Type	OperEdge
Fa0/24	Desg FWD	200000	128	P2p	False
Fa0/10	Desg FWD	200000	128	P2p	False

MST 2 vlans map:30,40

　Region Root　　　Priority　　　4096

　　　　　　　　　Address　　　001a. a979. b880

　　　　　　this bridge is region root

Bridge ID　　　　Priority　　　32768

　　　　　　　　Address　　　001a. a979. bc44

Interface	Role Sts Cost	Prio	Type	OperEdge
Fa0/24	Altn BLK 200000	128	P2p	False
Fa0/10	Root FWD 200000	128	P2p	False

Switch♯show spanning-tree mst 1

MST 1 vlans mapped:10,20

BridgeAddr:001a. a979. bc44

Priority:4096

TimeSinceTopologyChange:0d:0h:0m:56s

TopologyChanges:9

任务拓展

1. 实训目标

　　如图 4-2 所示,公司网络中心的网络工程师发现,生成树协议(STP)只能对整个交换网络产生一个树形拓扑结构,网络中的 VLANs 都在同一个生成树下,这种网络的拓扑无法对网络流量进行负载均衡,这样就会导致某些网络设备特别忙,而另一些网络设备却无事可做。为了解决这样的问题,工程师决定采用多生成树协议 MSTP 对公司的网络进行优化,实现网络交换的负载均衡。

2. 实训环境

任务拓展实训环境见图 4-2。

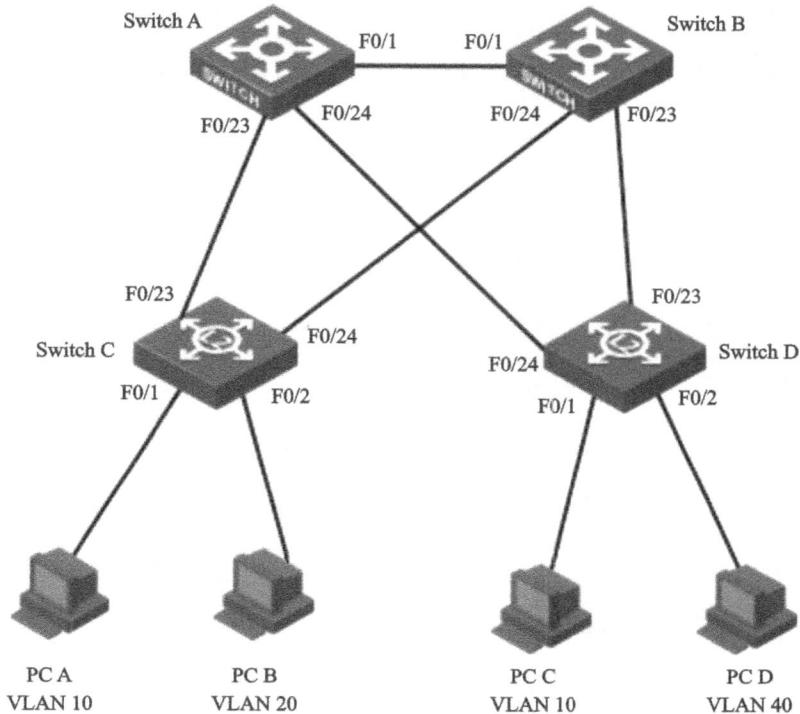

图 4-2 任务拓展实训环境

3. 实训要点

(1)本实训环境使用四台交换机,PC A 和 PC C 在 VLAN 10 中,IP 地址分别为 192.168.1.10/24 和 192.168.1.20/24;PC B 在 VLAN 20 中,PC D 在 VLAN 40 中。

(2)Switch A 和 Switch B 为核心交换机,Switch C 和 Switch D 为接入交换机。

任务五
Private VLAN

◈ **知识目标**

❑ 了解 VLAN 的技术原理。

❑ 掌握 Private VLAN 配置方法。

◈ **能力目标**

❀ 熟练掌握 VLAN 相关配置命令。

❀ 学会运用交换机的 Private VLAN 配置技术，构建企业内网。

◈ **任务描述**

在某些情况下，管理员希望隔离位于交换机同一 VLAN 内终端设备之间的通信，同时希望不要将这些设备划分到不同的 IP 子网中，因为划分多个 IP 子网会使 IP 地址遭到浪费。如何运用 Private VLAN 技术来隔离同一个 IP 子网内的设备，使有些设备虽然属于同一个 VLAN，但它们之间却不通信呢？

知识储备

一、Private VLAN 概述

服务提供商如果给每个用户一个 VLAN,则由于一台设备支持的 VLAN 数最大只有 4096 而限制了服务提供商能支持的用户数;在三层设备上,每个 VLAN 被分配一个子网地址或一系列地址,这种情况导致了 IP 地址的浪费,解决这个问题的方法就是应用 Private VLAN (私有虚拟局域网)技术。

Private VLAN 将一个 VLAN 的二层广播域划分成多个子域,每个子域都由一个 Private VLAN 对组成:Primary VLAN(主 VLAN)和 Secondary VLAN(辅助 VLAN)。

一个 Private VLAN 域可以有多个 Private VLAN 对,每一个 Private VLAN 对代表一个子域。在一个 Private VLAN 域中所有的 Private VLAN 对共享同一个 Primary VLAN,并且每个子域的 Secondary VLAN ID 不同。Private VLAN 域中只有一个 Primary VLAN,Secondary VLAN 实现同一个 Private VLAN 域中的二层隔离。有两种类型的 Secondary VLAN:

(1)Isolated VLAN(隔离 VLAN):同一个 Isolated VLAN 中的端口不能互相进行二层通信。一个 Private VLAN 域中只有一个 Isolated VLAN。

(2)Community VLAN(群体 VLAN):同一个 Community VLAN 中的端口可以互相进行二层通信,但不能与其他 Community VLAN 中的端口进行二层通信。一个 Private VLAN 域中可以有多个 Community VLAN。

二、Private VLAN 配置

(一)缺省 Private VLAN 设置
缺省情况下,没有 Private VLAN 的配置。

(二)配置 VLAN 作为 Private VLAN
配置步骤如表 5-1 所示。

表 5-1

命令	作用
Switch# configure terminal	进入配置模式
Switch(config)# vlan vid	进入 VLAN 配置模式

命令	作用
Switch（config-vlan）# private-vlan{com-munity|isolated| primary}	配置 Private VLAN 类型
Switch（config-vlan）# no private-vlan{community|isolated|primary}	取消 Private VLAN 配置
Switch（config-vlan）# end	退出 VLAN 模式
Switch# show vlan private-vlan [type]	显示 Private VLAN

在 802.1Q（虚拟局域网协议）VLAN 配置中，在有 VLAN 成员端口情况下，不能将该 VLAN 声明为 Private VLAN；VLAN 1 不能声明为 Private VLAN。对于有 Trunk 口或 Up-link 口的 802.1Q VLAN，可先将该 VLAN 从许可 VLAN 列表中删除，一对 Private VLAN 处于 active 状态必须满足以下条件：

（1）有 Primary VLAN；

（2）有 Secondary VLAN；

（3）Secondary VLAN 与 Primary VLAN 关联。

以下命令可将 802.1Q VLAN 配置为 Private VLAN：

```
Switch# configure terminal
Switch(config)# vlan 303
Switch(config-vlan)# private-vlan community
Switch(config-vlan)# end
Switch# show vlan private-vlan community
VLAN Type Status Routed Interface Associated VLANs
--- ---- -------- ------ --------- -----------------

303 comm inactive Disabled        no association
Switch# configure terminal
Switch(config)# vlan 404
Switch(config-vlan)# private-vlan isolated
Switch(config-vlan)# end
Switch# show vlan private-vlan
VLAN Type Status Routed Interface Associated VLANs
--- ---- -------- ------ --------- -----------------

303 comm inactive Disabled        no association
404 isol inactive Disabled        no association
```

（三）关联 Secondary VLAN 和 Primary VLAN

可以按表 5-2 方式关联 Secondary VLAN 和 Primary VLAN：

表 5-2

命令	作用
Switch# configure terminal	进入配置模式
Switch(config)# vlan p_vid	进入 Primary VLAN 配置模式
Switch(config-vlan)# private-vlan association {svlist|add svlist|remove svlist}	关联 Secondary VLAN
Switch(config-vlan)# no private-vlan association	清除与所有 Secondary VLAN 的关联
Switch(config-vlan)# end	退出 VLAN 模式
Switch# show vlan private-vlan [type]	显示 Private VLAN 的配置信息

举例如下:

Switch# configure terminal
Switch(config)# vlan 202
Switch(config-vlan)# private-vlan association 303-307,309,440
Switch(config-vlan)# end
Switch# show vlan private-vlan
VLAN Type Status Routed Interface Associated VLANs

--- ---- -------- ------ --------- ------------------

202 prim inactive Disabled   303-307,309,440
303 comm inactive Disabled   202
304 comm inactive Disabled   202
305 comm inactive Disabled   202
306 comm inactive Disabled   202
307 comm inactive Disabled   202
309 comm inactive Disabled   202
440 comm inactive Disabled   202

(四)映射 Secondary VLAN 和 Primary VLAN 的三层接口

可以按照表 5-3 的设置步骤来完成。

表 5-3

命令	作用
Switch# configure terminal	进入配置模式
Switch(config)# interface vlan p_vid	进入 Primary VLAN 的接口模式
Switch(config-if)# private-vlan mapping {svlist|add svlist|remove svlist}	映射 Secondary VLAN 到 Primary VLAN 的 SVI 三层交换
Switch(config-if)# end	退出接口模式

以下命令可配置 Secondary VLAN 路由：

Switch# configure terminal

Switch(config)# interface vlan 202

Switch(config-if)# private-vlan mapping add 303-307,309,440

Switch(config-if)# end

（五）配置二层接口作为 Private VLAN 的主机端口

按照表 5-4 步骤配置二层接口作为 Private VLAN 的主机端口（Host Port）。

表 5-4

命令	作用
Switch# configure terminal	进入配置模式
Switch(config)# interface interface-id	进入接口配置模式
Switch(config-if)# switchport mode private-vlan host	配置为二层交换模式
Switch(config-if)# no switchport mode	清除 Private VLAN 配置
Switch (config-if)# switchport private-vlan host-association p_vid s_vid	关联二层接口与 Private VLAN
Switch(config-if)# no switchport private-vlan host-association	清除关联

举例如下：

Switch# configure terminal

Switch(config)# interface GigabitEthernet 0/2

Switch(config-if)# switchport mode private-vlan host

Switch(config-if)# switchport private-vlan host-association 202 203

Switch(config-if)# end

（六）配置二层接口作为 Private VLAN 隔离 Trunk 端口

配置二层接口作为 Private VLAN 隔离 Trunk 端口，可按照表 5-5 命令执行。

表 5-5

命令	作用
Switch# configure terminal	进入配置模式
Switch(config-if)# interface interface-id	进入接口配置模式
Switch(config-if)# switchport mode trunk	配置为 Trunk 模式
Switch (config-if)# switchport private-vlan association trunk p_vid s_vid	关联二层接口与 Private VLAN，允许配置多对。P_vid 和 S_vid 参数分别是 Primary VLAN ID 和 Secondary VLAN ID

续表

命令	作用
Switch(config-if)# no switchport private-vlan association trunk p_vid s_vid	清除关联
Switch(config-if)# switchport trunk allowed vlan {all | [add | remove | except]} vlan-list	(可选)配置 Trunk 端口的许可 VLAN 列表。参数 vlan-list 可以是一个 VLAN,也可以是一系列 VLAN,以小的 VLAN ID 开头,以大的 VLAN ID 结尾,中间用"-"连接,如 10-20。all 的含义是许可 VLAN 列表包含所有支持的 VLAN;add 表示将指定 VLAN 列表加入许可 VLAN 列表;remove 表示将指定 VLAN 列表从许可 VLAN 列表中删除;except 表示将除列出的 VLAN 列表外的所有 VLAN 加入许可 VLAN 列表
Switch(config-if)# switchport trunk native vlan vlan-id	配置 Native VLAN,如果想把 Trunk 的 Native VLAN 列表改回缺省的 VLAN 1,请使用 no switchport trunk native vlan 接口配置命令

举例如下:

Switch# configure terminal
Switch(config)# interface GigabitEthernet 0/2
Switch(config-if)# switchport mode trunk
Switch(config-if)# switchport private-vlan association trunk 202 203
Switch(config-if)# switchport trunk allowed vlan 100
Switch(config-if)# switchport trunk native vlan 100
Switch(config-if)# end

(七)配置二层接口作为 Private VLAN 混杂 Trunk 端口

配置二层接口作为 Private VLAN 混杂 Trunk 端口,按照表 5-6 命令执行。

表 5-6

命令	作用
Switch# configure terminal	进入配置模式
Switch(config-if)# interface interface-id	进入接口配置模式
Switch(config-if)# switchport mode trunk	配置为 trunk 模式
Switch(config-if)# switchport private-vlan Promiscuous trunk p_vid s_list	关联二层接口与 Private VLAN,允许配置多对。P_vid 和 S_list 参数分别是 Primary VLAN ID 和 Secondary VLAN ID 列表
Switch(config-if)# no switchport private-vlan promiscuous trunk p_vid s_list	清除关联

命令	作用
Switch（config-if）# switchport trunk allowed vlan {all	[add	remove	except] } vlan-list	（可选）配置 Trunk 端口的许可 VLAN 列表。参数 vlan-list 可以是一个 VLAN，也可以是一系列 VLAN，以小的 VLAN ID 开头，以大的 VLAN ID 结尾，中间用"-"号连接，如 10-20。all 的含义是许可 VLAN 列表包含所有支持的 VLAN；add 表示将指定 VLAN 列表加入许可 VLAN 列表；remove 表示将指定 VLAN 列表从许可 VLAN 列表中删除；except 表示将除列出的 VLAN 列表外的所有 VLAN 加入许可 VLAN 列表
Switch（config-if）# switchport trunk native vlan vlan-id	配置 Native VLAN，如果想把 Trunk 的 Native VLAN 列表改回缺省的 VLAN 1，请使用 no switchport trunk native vlan 接口配置命令

举例如下：

Switch# configure terminal

Switch(config)# interface GigabitEthernet 0/2

Switch(config-if)# switchport mode trunk

Switch(config-if)# switchport private-vlan promiscuous trunk 202 203

Switch(config-if)# switchport trunk allowed vlan 100

Switch(config-if)# switchport trunk native vlan 100

Switch(config-if)# end

（八）配置二层接口作为 Private VLAN 的混杂端口

配置二层接口作为 Private VLAN 的混杂端口，按照表 5-7 命令执行。

表 5-7

命令	作用
Switch# configure terminal	进入配置模式
Switch(config)# interface interface-id	进入接口配置模式
Switch(config-if)# switchport mode private-vlan promiscuous	配置为 Private VLAN 二层交换模式
Switch(config-if)# no switchport mode	删除端口 Private VLAN 配置
Switch（config-if）# switchport private-vlan mapping p_vid{svlist|add svlist|remove svlist}	配置 Private VLAN 混杂端口所在的 Primary VLAN，以 Secondary VLAN 列表
Switch(config-if)# no switchport private-vlan mapping	取消混杂所有的 Secondary VLAN

举例如下:

Switch♯ configure terminal

Switch(config)♯ interface GigabitEthernet 0/2

Switch(config-if)♯ switchport mode private-vlan promiscuous

Switch(config-if)♯ switchport private-vlan mapping 202 add 203

Switch(config-if)♯ end

(九)显示 Private VLAN 内容

可以执行表 5-8 命令显示 Private VLAN 内容。

表 5-8

命令	作用
show vlan private-vlan [type]	显示 Private VLAN 的内容

举例如下:

Switch♯ show vlan private-vlan

VLAN Type Status Routed Interface Associated VLANs

--- ---- ------ ------ --------- -----------------

303 comm active Disabled Gi0/2   202

304 comm active Disabled Gi0/3   202

305 comm active Disabled Gi0/4   202

306 comm active Disabled   202

307 comm active Disabled   202

309 comm active Disabled   202

440 comm active Enabled Gi0/5   202

任务实施

一、Private VLAN 跨设备二层应用

1. 实训目标

如图 5-1 所示,在主机托管业务运营网络中,各企业用户通过设备 Switch A、Switch B 接入网络。需求如下:

(1)企业内用户之间可以互相通信,企业间用户通信隔离。

(2)所有企业用户共享一个网关地址,可以与外网通信。

2. 实训环境

Private VLAN 跨设备二层应用实训环境见图 5-1。

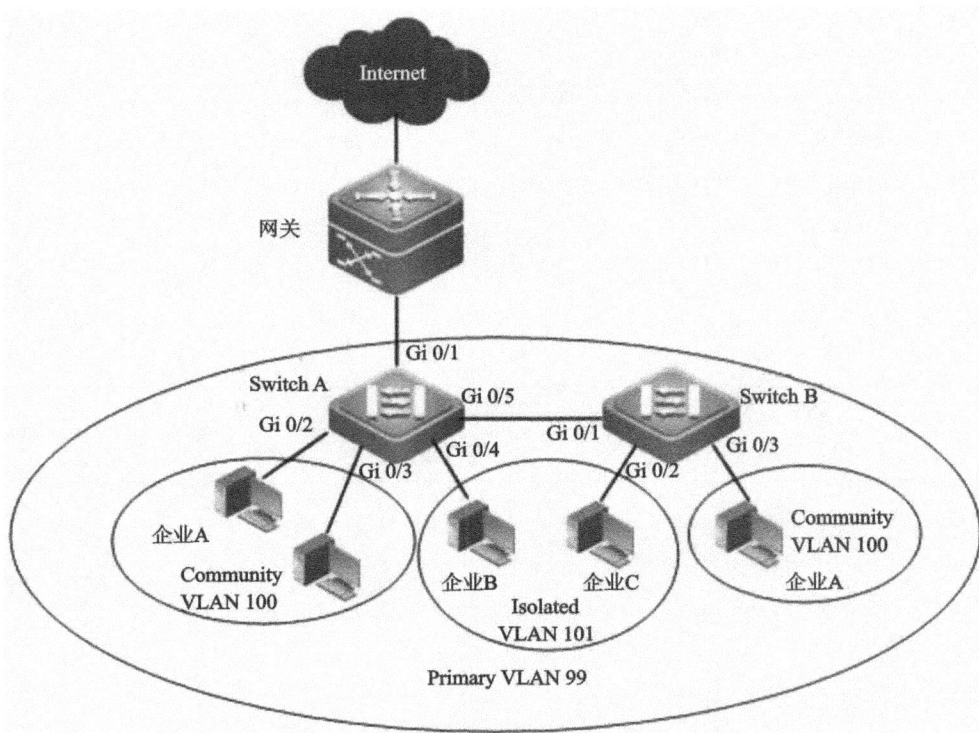

图 5-1   Private VLAN 跨设备二层应用实训环境

3. 实训要点

(1)将所有企业配置属于同一个 Private VLAN(本例为 Primary VLAN 99),所有企业用户均通过该 Private VLAN 共享一个三层接口,实现外网通信。

(2)如果企业内有多个用户,可以将各企业划分属于不同的 Community VLAN(本例将企业 A 划分属于 Community VLAN 100),实现企业内用户互相通信,企业间用户通信隔离。

(3)如果企业内仅有一个用户,可以将这些企业划分属于同一个 Isolated VLAN(本例将企业 B 和 C 划分属于 Isolated VLAN 101),实现企业间用户通信隔离。

4. 实训步骤

(1)在设备上创建 Primary VLAN 和 Secondary VLAN。

在 Switch A 上配置 Primary VLAN 99、Community VLAN 100、Isolated VLAN 101:

Switch A♯configure terminal

Enter configuration commands,one per line. End with CNTL/Z.

Switch A(config)♯vlan 99

Switch A(config-vlan)♯private-vlan primary

Switch A(config-vlan)♯exit

Switch A(config)♯vlan 100

Switch A(config-vlan)♯private-vlan community

Switch A(config-vlan)♯exit

Switch A(config)♯vlan 101

Switch A(config-vlan)♯private-vlan isolated

Switch A(config-vlan)♯exit

Switch B 的配置同上。

(2)在设备上关联 Secondary VLAN 和 Primary VLAN。

在 Switch A 上配置 Community VLAN 100、Isolated VLAN 101 和 Primary VLAN 99 关联：

Switch A(config)♯vlan 99

Switch A(config-vlan)♯private-vlan association 100-101

Switch A(config-vlan)♯exit

Switch B 的配置同上。

(3)配置上链口,用于连接网关设备。

将 Switch A 的端口 Gi 0/1 设置为 Promiscuous Port：

Switch A(config)♯interface GigabitEthernet 0/1

Switch A(config-if-GigabitEthernet 0/1)♯switchport mode private-vlan promiscuous

Switch A(config-if-GigabitEthernet 0/1)♯switchport private-vlan mapping 99 100-101

Switch A(config-if-GigabitEthernet 0/1)♯exit

(4)将各企业用户接入端口划分属于相应的 Secondary VLAN(图 5-1)。

在 Switch A 上配置端口 Gi 0/2、Gi 0/3 属于 Community VLAN 100,端口 Gi 0/4 属于 Isolated VLAN 101：

Switch A(config)♯interface range GigabitEthernet 0/2-3

Switch A(config-if-range)♯switchport mode private-vlan host

Switch A(config-if-range)♯switchport private-vlan host-association 99 100

Switch A(config-if-range)♯exit

Switch A(config)♯interface GigabitEthernet 0/4

Switch A(config-if-GigabitEthernet 0/4)♯switchport mode private-vlan host

Switch A(config-if-GigabitEthernet 0/4)♯switchport private-vlan host-association 99 101

在 Switch B 上配置端口 Gi 0/2 属于 Isolated VLAN 101,端口 Gi 0/3 属于 Community VLAN 100：

Switch B(config)♯interface GigabitEthernet 0/2

Switch B(config-if-GigabitEthernet 0/2)♯switchport mode private-vlan host

Switch B(config-if-GigabitEthernet 0/2)♯switchport private-vlan host-association 99 101

Switch B(config-if-GigabitEthernet 0/2)♯exit

Switch B(config)♯interface GigabitEthernet 0/3

Switch B(config-if-GigabitEthernet 0/3)♯switchport mode private-vlan host

Switch B（config-if-GigabitEthernet 0/3）♯ switchport private-vlan host-association 99 100

Switch B(config-if-GigabitEthernet 0/3)♯exit

（5）配置 Private VLAN 跨设备运行的连接端口。

配置 Switch A 的端口 Gi 0/5 为 Trunk Port：

Switch A(config)♯interface GigabitEthernet 0/5

Switch A(config-if-GigabitEthernet 0/5)♯switchport mode trunk

Switch A(config-if-GigabitEthernet 0/5)♯exit

配置 Switch B 的端口 Gi 0/1 为 Trunk Port：

Switch B(config)♯interface GigabitEthernet 0/1

Switch B(config-if-GigabitEthernet 0/1)♯switchport mode trunk

Switch B(config-if-GigabitEthernet 0/1)♯exit

（6）配置验证。

查看设备的配置信息。

Switch A 的配置信息：

Switch A♯show running-config

!

vlan 99

private-vlan primary

private-vlan association add 100-101

!

vlan 100

private-vlan community

!

vlan 101

private-vlan isolated

!

interface GigabitEthernet 0/1

switchport mode private-vlan promiscuous

switchport private-vlan mapping 99 add 100-101

!

interface GigabitEthernet 0/2

switchport mode private-vlan host

switchport private-vlan host-association 99 100

!

interface GigabitEthernet 0/3

switchport mode private-vlan host

switchport private-vlan host-association 99 100

!

interface GigabitEthernet 0/4

switchport mode private-vlan host

switchport private-vlan host-association 99 101

!

interface GigabitEthernet 0/5

switchport mode trunk

!

Switch B 的配置信息：

Switch B♯ show running-config

!

vlan 99

private-vlan primary

private-vlan association add 100-101

!

vlan 100

private-vlan community

!

vlan 101

private-vlan isolated

!

interface GigabitEthernet 0/1

switchport mode trunk

i

interface GigabitEthernet 0/2

switchport mode private-vlan host

switchport private-vlan host-association 99 101

!

interface GigabitEthernet 0/3

switchport mode private-vlan host

switchport private-vlan host-association 99 100

!

在设备上查看 Private VLAN 的相关配置信息。

Switch A♯ show vlan private-vlan

VLAN	Type	Status	Routed	Interface	Associated VLANs
99	primary	active	Disabled	Gi 0/1,Gi 0/5	100-101
100	community	active	Disabled	Gi 0/2,Gi 0/3,Gi 0/5	99
101	isolated	active	Disabled	Gi 0/4,Gi 0/5	99

二、Private VLAN 单台设备三层应用

1. 实训目标

如图 5-2 所示，在主机托管业务运营网络中，各企业用户通过三层设备 Switch A 接入网络。需求如下：

(1)企业内用户之间可以通信，企业间用户通信隔离。

(2)所有企业用户都可以访问服务器。

(3)所有企业用户共享一个网关地址，可以与外网通信。

2. 实训环境

Private VLAN 单台设备三层应用实训环境见图 5-2。

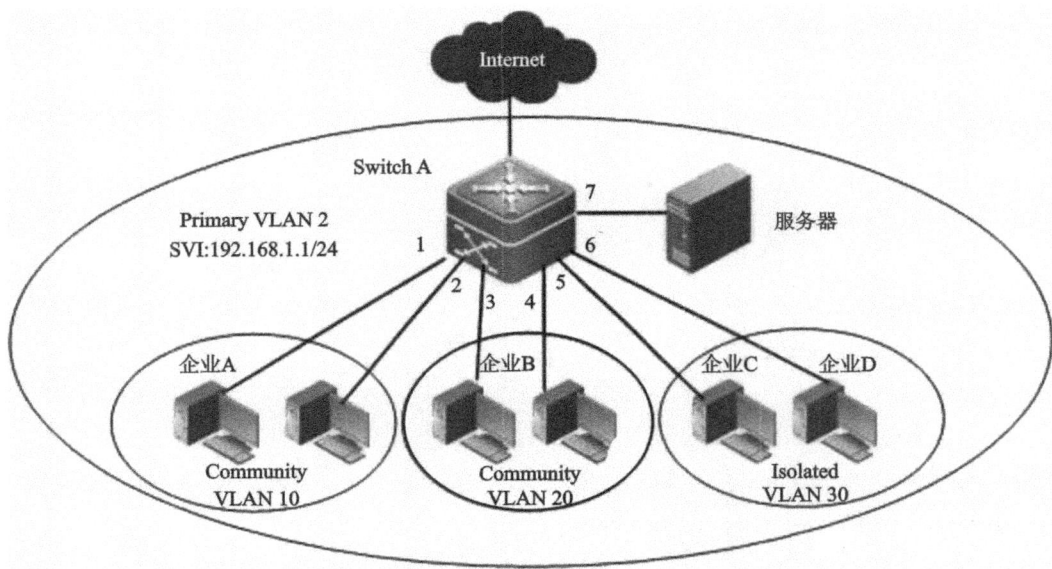

图 5-2　Private VLAN 单台设备三层应用实训环境

3. 实训要点

(1)在设备上（本例为 Switch A）配置 Private VLAN 功能，具体配置要点可参考"Private VLAN 跨设备二层应用"章节的配置要点。

(2)将直连服务器的端口（本例为端口 Gi 0/7）设置为 Promiscuous Port，所有企业用户都可以通过 Promiscuous Port 和服务器通信。

　　(3)在三层设备(本例为 Switch A)配置 Private VLAN 的网关地址(本例配置 VLAN 2 的 SVI 为 192.168.1.1/24),并配置 Primary VLAN(本例为 VLAN2)和 Secondary VLAN (本例为 Community VLAN 10、Community VLAN 20、Isolated VLAN 30)的三层接口映射关系,所有企业用户可以通过这个网关地址与外网通信。

　　4. 实训步骤

　　(1)在设备上创建 Primary VLAN 和 Secondary VLAN。

　　在 Switch A 上配置 Primary VLAN 2、Community VLAN 10、Community VLAN 20、Isolated VLAN 30:

Switch A♯configure terminal

Enter configuration commands,one per line. End with CNTL/Z.

Switch A(config)♯vlan 2

Switch A(config-vlan)♯private-vlan primary

Switch A(config-vlan)♯exit

Switch A(config)♯vlan 10

Switch A(config-vlan)♯private-vlan community

Switch A(config-vlan)♯exit

Switch A(config)♯vlan 20

Switch A(config-vlan)♯private-vlan community

Switch A(config-vlan)♯exit

Switch A(config)♯vlan 30

Switch A(config-vlan)♯private-vlan isolated

Switch A(config-vlan)♯exit

　　(2)在设备上关联 Secondary VLAN 和 Primary VLAN。

　　在 Switch A 上配置 Community VLAN 10、Community VLAN 20、Isolated VLAN 30 和 Primary VLAN 2 关联:

Switch A(config)♯vlan 2

Switch A(config-vlan)♯private-vlan association 10,20,30

Switch A(config-vlan)♯exit

　　(3)将各企业用户接入端口划分属于相应的 Secondary VLAN(如图 5-2 所示)。

　　在 Switch A 上配置端口 Gi0/1、Gi0/2 属于 Community VLAN 10,端口 Gi0/3、Gi0/4 属于 Community VLAN 20,端口 Gi0/5、Gi0/6 属于 Isolated VLAN 30:

Switch A(config)♯interface range GigabitEthernet 0/1-2

Switch A(config-if-range)♯switchport mode private-vlan host

Switch A(config-if-range)♯switchport private-vlan host-association 2 10

Switch A(config-if-range)♯exit

Switch A(config)♯interface range GigabitEthernet 0/3-4

Switch A(config-if-range)♯switchport mode private-vlan host

Switch A(config-if-range)♯switchport private-vlan host-association 2 20

Switch A(config-if-range)♯exit

Switch A(config)♯interface range GigabitEthernet 0/5-6

Switch A(config-if-range)♯switchport mode private-vlan host

Switch A(config-if-range)♯switchport private-vlan host-association 2 30

Switch A(config-if-range)♯exit

（4）配置服务器连接端口。

将 Switch A 的端口 Gi 0/7 配置为 Promiscuous Port：

Switch A(config)♯interface GigabitEthernet 0/7

Switch A(config-if-GigabitEthernet 0/7)♯switchport mode private-vlan promiscuous

Switch A(config-if-GigabitEthernet 0/7)♯switchport private-vlan maping 2 10,20,30

Switch A(config-if-GigabitEthernet 0/7)♯exit

（5）在三层设备配置 Private VLAN 的网关地址。

在 Switch A 上配置 Primary VLAN 2 的 SVI 为 192.168.1.1/24，并配置映射 Community VLAN 10、Community VLAN 20 和 Isolated VLAN 30：

Switch A(config)♯interface vlan 2

Switch A(config-if-VLAN 2)♯ip address 192.168.1.1 255.255.255.0

Switch A(config-if-VLAN 2)♯private-vlan mapping 10,20,30

Switch A(config-if-VLAN 2)♯exit

（6）配置验证。

查看 Switch A 的配置信息：

Switch A♯show running-config

!

vlan 2

private-vlan primary

private-vlan association add 10,20,30

!

vlan 10

private-vlan community

!

vlan 20

private-vlan community

!

vlan 30

private-vlan isolated

!

```
interface GigabitEthernet 0/1
switchport mode private-vlan host
switchport private-vlan host-association 2 10
!
interface GigabitEthernet 0/2
switchport mode private-vlan host
switchport private-vlan host-association 2 10
!
interface GigabitEthernet 0/3
switchport mode private-vlan host
switchport private-vlan host-association 2 20
!
interface GigabitEthernet 0/4
switchport mode private-vlan host
switchport private-vlan host-association 2 20
!
interface GigabitEthernet 0/5
switchport mode private-vlan host
switchport private-vlan host-association 2 30
!
interface GigabitEthernet 0/6
switchport mode private-vlan host
switchport private-vlan host-association 2 30
!
interface GigabitEthernet 0/7
switchport mode private-vlan promiscuous
switchport private-vlan mapping 2 add 10,20,30
!
interface VLAN 2
no ip proxy-arp
ip address 192.168.1.1 255.255.255.0
private-vlan mapping add 10,20,30
!
```

查看 Private VLAN 的相关配置信息：

Switch A≠ show vlan private-vlan

VLAN	Type	Status	Routed	Interface	Associated VLANs
2	primary	active	Enabled	Gi 0/7	10,20,30

103

10	community active	Enabled	Gi 0/1,G i0/2	2
20	community active	Enabled	Gi 0/3,Gi 0/4	2
30	isolated active	Enabled	Gi 0/5,Gi 0/6	2

任务拓展

1. 实训目标

如图 5-3 所示，属于同一企业的用户群体分布在两台接入交换机上，两台接入交换机关联。这两台交换机上存在部分用户之间可以通信，部分用户之间不能通信的需求，而且用户所使用的 IP 地址在同一个网段，交换机管理 VLAN 和用户 VLAN 分离，可以实现设备管理。

2. 实训环境

任务拓展实训环境见图 5-3。

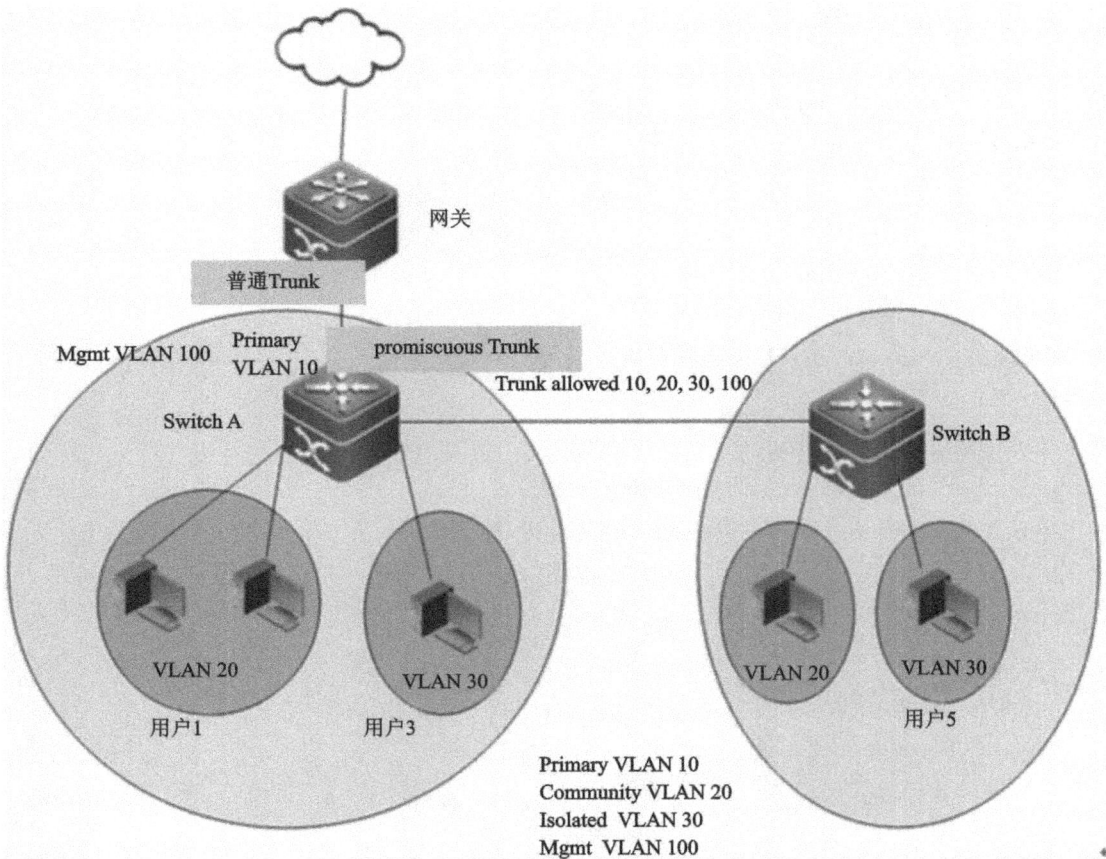

图 5-3　任务拓展实训环境

3.实训要点

（1）Switch A 和 Switch B 按照普通的 Private VLAN 配置方法，新建 Primary VLAN 10 （Primary VLAN）、Community VLAN 20 和 Isolated VLAN 30，并且将 Primary VLAN 同 Secondary VLAN 关联起来；新建管理 VLAN 100。

（2）Switch A 和 Switch B 上的用户端口加入 Secondary VLAN。

（3）Switch A 和 Switch B 互联的端口设置为 Trunk 模式，并且允许 VLAN 10，20，30，100。

（4）Switch A 同 GW 互联的端口设置为混杂 Trunk 模式，实现透传管理 VLAN 并将 Private VLAN 的 VID 修改为 Primary VLAN 的功能。

（5）网关交换机上建立 VLAN 10，100，并设置 IP，作为用户及管理段的网关，下联 Switch A 的端口设置为 Trunk 模式。

任务六　VRRP

◈ **知识目标**

❑ 了解 VRRP 的技术原理。
❑ 掌握 VRRP 的配置方法。

◈ **能力目标**

❀ 熟练掌握 VRRP 相关配置命令。
❀ 学会运用 VRRP 配置技术,实现跨网段访问。

◈ **任务描述**

　　为了实现 IP 数据包跨网段访问,网络设备一般需设置默认网关 IP 地址,在查询路由表未果的情况下通过默认网关设备转发数据包。但是,如果路由器出现故障,所有使用该路由器作为默认网关的主机必然因网关故障而通信中断。那么,采取什么措施才能有效解决这样的问题呢?

知识储备

一、VRRP 概述

VRRP(Virtual Router Redundancy Protocol,虚拟路由冗余协议)设计采用主备模式,以保证当主路由设备发生故障时,备份路由设备可以在不影响内外数据通信的前提下进行功能切换,且不需要再修改内部网络的参数。VRRP 组内多个路由设备都映射为一个虚拟的路由设备。VRRP 保证同时有且只有一个路由设备在代表虚拟路由设备进行数据包的发送,而主机则 是把数据包发向该虚拟路由设备,这个转发数据包的路由设备被选择成为主路由设备。如果主路由设备由于某种原因而无法工作的话,则处于备份状态的路由设备将被选择来代替原来的主路由设备。VRRP 使得局域网内的主机看上去只使用了一个路由设备,并且在它之前所使用的首跳路由设备无法工作的情况下仍能够保持路由的连通性。

VRRP 允许为 IP 局域网承担路由转发功能的路由设备失效后,局域网中另外一个路由设备会自动接管失效的路由设备,从而实现 IP 路由的热备份与容错,同时保证了局域网内主机通讯的连续性和可靠性。一个 VRRP 应用组通过多台路由设备来实现冗余,但是任何时候只有一台路由设备作为主路由设备来承担路由转发功能,其他的为备份路由设备,VRRP 应用组中不同路由设备间的切换对局域网内的主机则是完全透明的。RFC 规定了路由设备的切换规则:

(1)VRRP 采用简单竞选的方法选择主路由设备。首先比较同一个 VRRP 组内的各台路由设备对应接口上设置的 VRRP 优先级的大小,优先级最大的为主路由设备,它的状态变为 Master。若路由设备的优先级相同,则比较对应网络接口的主 IP 地址大小,主 IP 地址大的就成为主路由设备,由它提供实际的路由转发服务。

(2)主路由设备选出后,其他路由设备作为备份路由设备(状态变为 Backup),并通过主路由设备定时发出的 VRRP 报文监测主路由设备的状态。当正常工作时,主路由设备会每隔一段时间发送一个 VRRP 组播报文(称为通告报文),以通知备份路由设备主路由设备处于正常工作状态。如果组内的备份路由设备在设定的时间段没有接收到来自主路由设备的报文,则备份路由状态转为 Master。当组内有多台状态为 Master 的路由设备时,重复规则(1)的竞选过程。通过这样一个过程就会将优先级最大的路由设备选成新的主路由设备,从而实现 VRRP 的备份功能。

VRRP 有两种应用模式:基本应用与高级应用。其中基本应用是使用单备份组实现简单路由冗余,高级应用是使用多备份组同时实现路由冗余与负载均衡。

（一）路由冗余

VRRP 基本应用如图 6-1 所示，Router A、Router B 及 Router C 均使用以太网接口与局域网连接，并在其连接局域网的以太网接口上设置了 VRRP，它们处于同一个 VRRP 组并且该 VRRP 组的虚拟 IP 地址为 192.168.12.1，其中 Router A 作为 VRRP 的主路由设备，Router B 与 Router C 作为备份路由设备。局域网内的 Host 1、Host 2 及 Host 3 以虚拟路由设备的 IP 地址 192.168.12.1 作为网关。局域网内主机发往其他网络的数据包将由主路由设备（在图 6-1 中是 Router A）进行路由转发。一旦 Router A 失效，将在 Router B 与 Router C 之间选择出主路由设备来承担虚拟路由设备的路由转发功能，由此实现了简单路由冗余。

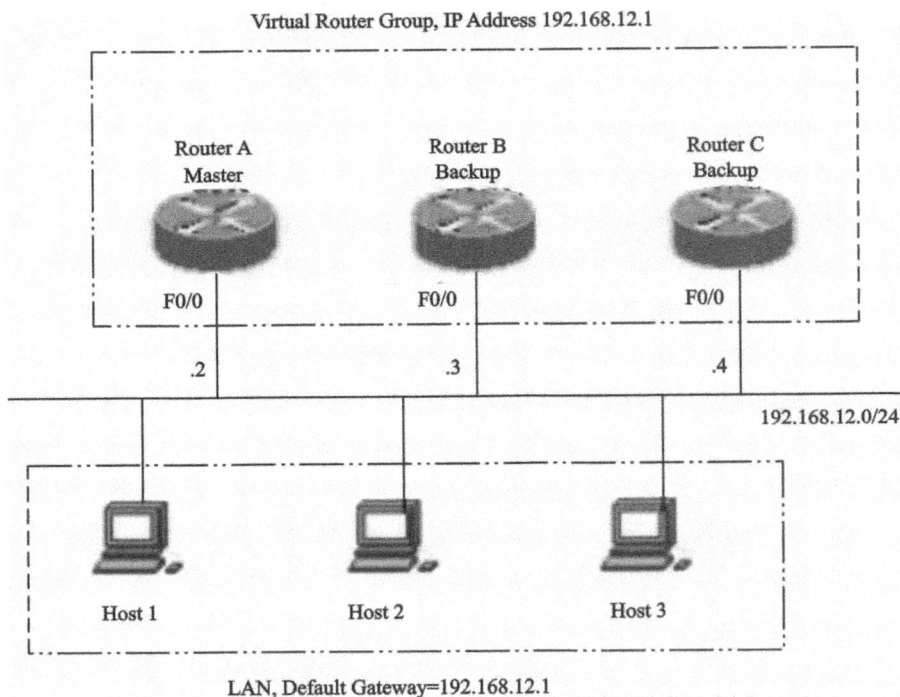

图 6-1　VRRP 基本应用示意图

（二）负载均衡

VRRP 的高级应用如图 6-2 所示，配置了两个虚拟路由设备。对于虚拟路由设备 1，Router A 使用以太网接口 F0/0 的 IP 地址 192.168.12.1 作为虚拟路由设备的 IP 地址，这样 Router A 就成为主路由设备，而 Router B 成为备份路由设备。对于虚拟路由设备 2，Router B 使用以太网接口 F0/0 的 IP 地址 192.168.12.2 作为虚拟路由设备的 IP 地址，这样 Router B 就成为主路由设备，而 Router A 成为备份路由设备。在局域网内，Host 1 和 Host 2 使用虚拟路由设备 1 的 IP 地址 192.168.12.1 作为默认网关，Host 3 和 Host 4 使用虚拟路由设备 2 的 IP 地址 192.168.12.2 作为默认网关。在 VRRP 这个应用中，Router A 和 Router B 实现了路由冗余，并同时分担了来自局域网的流量即实现了负载平衡。

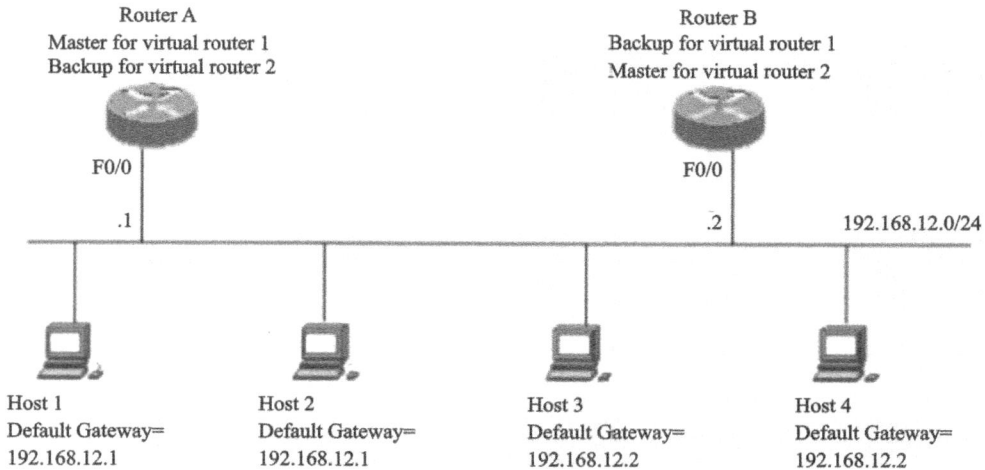

图 6-2　VRRP 高级应用示意图

二、配置 VRRP

VRRP 适用于多播或者广播的局域网,如以太网等。VRRP 的配置集中在以太网接口上。其配置任务有:

(1)启动 VRRP 备份功能(必须);

(2)设置 VRRP 备份组的验证字符串(可选);

(3)设置 VRRP 备份组的通告发送间隔(可选);

(4)设置路由设备在 VRRP 备份组中的抢占模式(可选);

(5)设置 IPv6 VRRP 虚拟路由器的 Accept_Mode 模式(可选);

(6)设置路由设备在 VRRP 备份组中的优先级(可选);

(7)设置 VRRP 备份组监视的接口(可选);

(8)设置 VRRP 备份组监视的 IP/IPv6 地址(可选);

(9)设置 VRRP 通告定时设备学习功能(可选);

(10)设置路由设备在 VRRP 备份组的描述字符串(可选);

(11)设置 VRRP 备份组延迟启动(可选);

(12)设置 IPv4 VRRP 的 VRRP 报文发送标准(可选)。

(一)启用 VRRP 备份功能

通过设置备份组号和虚拟 IP/IPv6 地址,可以在指定的局域网段上添加一个备份组,从而启用对应的以太网接口的 VRRP 备份功能。

启用或关闭 VRRP 备份功能,可以执行表 6-1 命令。

表 6-1

命令	作用
Switch(config-if) # vrrp group ip ipaddress[secondary]	启用 IPv4 VRRP

续表

命令	作用
Switch（config-if）# no vrrp group ip ip-address［secondary］	关闭 IPv4 VRRP
Switch（config-if）# vrrp group ipv6 ipv6-address	启用 IPv6 VRRP
Switch（config-if）# no vrrp group ipv6 ipv6-address	关闭 IPv6 VRRP

备份组号 Group 取值范围为 1～255。如果不指定虚拟 IP 地址，路由设备就不会参与 VRRP 备份组。如果不使用 Secondary 参数，那么设置的 IP 地址将成为虚拟路由设备的主 IP 地址。对于 IPv6 地址，不区分是主地址还是从地址。但是 IPv6 VRRP 配置的第一个虚拟 IP 地址必须是链路本地地址。

（二）配置 VRRP 备份组的验证字符串

VRRP 支持明文密码验证模式和无验证模式。设置 VRRP 备份组的验证字符串的同时设定该 VRRP 组处于明文密码验证模式。VRRP 备份组成员必须处于相同的验证模式下才可能正常通信。明文密码验证模式下，在同一个 VRRP 组中的路由设备必须设置相同的验证口令。明文验证口令不能保证安全性，它只是用来防止/提示错误的 VRRP 配置。

配置 VRRP 备份组的验证字符串，可以执行表 6-2 命令。

表 6-2

命令	作用
Switch（config-if）# vrrp group authentication string	配置 IPv4 VRRP 的验证字符串
Switch（config-if）# no vrrp group authentication	配置 IPv4 VRRP 处于无验证模式

缺省状态下，VRRP 处于无验证模式。在明文密码验证模式下，明文密码长度不能超过 8bytes。

（三）配置 VRRP 备份组的通告发送间隔

配置 VRRP 备份组的通告发送间隔，可以执行表 6-3 命令。

表 6-3

命令	作用
Switch（config-if）# vrrp group timers advertise｛ advertise-interval ＼ csec centisecond-interval ｝	配置 IPv4 主路由设备 VRRP 通告发送间隔

续表

命令	作用
Switch（config-if）# no vrrp group timers advertise	恢复 IPv4 主路由设备 VRRP 通告发送间隔的默认值
Switch(config-if)# vrrp IPv6 group timers Advertise { advertise-interval \ csec centisecond-interval }	配置 IPv6 主路由设备 VRRP 通告发送间隔
Switch（config-if）# no vrrp IPv6 group timers advertise	恢复 IPv6 主路由设备 VRRP 通告发送间隔的默认值

如果当前路由设备为 VRRP 组中的主路由设备,它将以设定的间隔发送 VRRP 通告来通告自己的 VRRP 状态、优先级及其他信息。缺省状态下,系统默认主路由设备的 VRRP 通告发送间隔为 1s。RFC 2338、RFC 3768、RFC 5798 都定义了 VRRP 备份路由器切换为主路由器的时间,即:报文发送间隔时间×3+Skew_time,其中,Skew_time＝(256－VRRP 组的优先值)×VRRP 协议报文发送间隔时间/256)。

VRRPv3 支持配置主路由设备的 VRRP 通告发送间隔为厘秒级别,取值范围为 50～99,在不与 BFD 联动的情况下,能够加快 VRRP 收敛时间。如果网络流量过大,不建议配置为厘秒级别,因为网络流量过大可能会导致辅助路由器在指定时间内没有收到主路由器的 VRRP 通告报文,从而发生状态转换。

(四)配置路由设备在 VRRP 备份组中的抢占模式

如果 VRRP 组工作在抢占模式下,一旦它发现自己的优先级高于当前主路由设备的优先级,它将抢占成为该 VRRP 组的主路由设备。如果 VRRP 组工作在非抢占模式下,即便它发现自己的优先级高于当前主路由设备的优先级,它也不会抢占成为该 VRRP 组的主路由设备。VRRP 组使用以太网接口 IP 地址情况下,是否设置抢占模式意义不大,因为此时该 VRRP 组具有最大优先级,它将自动成为该 VRRP 组中的主路由设备。

配置路由设备在 VRRP 备份组中的抢占模式,可以执行表 6-4 命令。

表 6-4

命令	作用
Switch（config-if）# vrrp group preempt [delay seconds]	配置 IPv4 VRRP 备份组处于抢占模式
Switch（config-if）# no vrrp group preempt [delay]	配置 IPv4 VRRP 备份组处于非抢占模式或恢复延迟时间默认值
Switch(config-if)# vrrp IPv6 group preempt [delay seconds]	配置 IPv6 VRRP 备份组处于抢占模式
Switch（config-if）# no vrrp IPv6 group preempt [delay]	配置 IPv6 VRRP 备份组处于非抢占模式或恢复延迟时间默认值

可选参数 Delay Seconds 定义了处于备份状态的 VRRP 路由设备准备宣告自己拥有主路由身份之前的延迟，缺省值为 0s。一旦启用 VRRP 功能，VRRP 组默认工作在抢占模式下。

（五）配置 IPv6 VRRP 虚拟路由器的 Accept_Mode

处于主路由状态的 IPv6 VRRP 虚拟路由器可以通过 Accept_Mode 来控制是否接收处理目的 IP 地址为虚拟路由器的 IP 地址的报文。如果配置了 Accept_Mode，则表示主路由状态的 IPv6 VRRP 虚拟路由器需接收处理任何目的 IP 为虚拟路由器的 IP 地址的报文，如果未配置 Accept_Mode，则表示主路由状态的 IPv6 VRRP 虚拟路由器需丢弃处理任何目的 IP 为虚拟路由器的 IP 地址的报文，但不丢弃 NA 和 NS 报文。默认未配置 Accept_Mode。另外，Owner 状态的 IPv6 VRRP 主路由状态虚拟路由器，不管有没有配置 Accept_Mode，都会接收处理任何目的 IP 为虚拟路由器的 IP 地址的报文。

配置 IPv6 VRRP 虚拟路由器的 Accept_Mode，可以执行表 6-5 命令。

表 6-5

命令	作用
Switch（config-if）# vrrp IPv6 group accept_mode	配置 IPv6 VRRP 备份组的 Accept_Mode
Switch（config-if）# no vrrp IPv6 group accept_mode	取消 IPv6 VRRP 备份组的 Accept_Mode

（六）配置路由设备在 VRRP 备份组中的优先级

VRRP 规定根据路由设备的优先级参数来确定在备份组中每台路由设备的地位。工作在抢占模式下具有最高优先级并且已获得虚拟 IP 地址的路由设备将成为该备份组的活动的（或主）路由设备，同一个备份组中低于该路由设备优先级的其他路由设备将成为备份的（或监听的）路由设备。一旦启用 VRRP 备份功能，VRRP 备份组默认其优先级为 100。

配置路由设备在 VRRP 备份组中的优先级，可以执行表 6-6 命令。

表 6-6

命令	作用
Switch （config-if） # vrrp group priority level	配置 IPv4 VRRP 备份组的优先级
Switch（config-if）# no vrrp group priority	恢复 IPv4 VRRP 优先级的默认值
Switch（config-if）# vrrp IPv6 group priority level	配置 IPv6 VRRP 备份组的优先级
Switch （config-if） # no vrrp IPv6 group priority	恢复 IPv6 VRRP 优先级的默认值

优先级的取值范围为 1~254。如果 VRRP 虚拟 IP 地址与所在以太网接口上真实的 IP 地址一致,对应的 VRRP 备份组的优先级就为 255,此时无论 VRRP 备份组是否处于抢占模式,对应的 VRRP 备份组都会自动处于主路由状态(只要对应的以太网接口可用)。

(七)配置 VRRP 备份组监视的接口

在配置了 VRRP 备份组监视的接口后,系统将根据所监视接口的状态动态地调整本路由设备的优先级。一旦所监视的接口状态变为不可用就按照设置的数值减少本路由设备在 VRRP 备份组中的优先级,而此时同一个备份组中接口状态更稳定并且优先级更高的其他路由设备就可以成为该 VRRP 备份组的活动的(或主)路由设备。

配置 VRRP 备份组监视的接口,可以按执行 6-7 命令。

表 6-7

命令	作用
Switch(config-if) # vrrp group track interface-type number [interface-priority]	配置 IPv4 VRRP 备份组监视的接口
Switch(config-if) # no vrrp group track interface-type number	取消 IPv4 VRRP 备份组监视接口配置
Switch(config-if) # vrrp IPv6 group track interface-type number [interface-priority]	配置 IPv6 VRRP 备份组监视的接口
Switch(config-if) # no vrrp IPv6 group track interface-type number	取消 IPv6 VRRP 备份组监视接口配置

缺省状态下,系统没有配置 VRRP 备份组监视的接口。参数 Interface-Priority 取值范围为 1~255。如果参数 Interface-Priority 缺省,系统会取默认值,即 10。

(八)配置 VRRP 备份组监视的 IP/IPv6 地址

在配置了 VRRP 备份组监视的 IP 地址后,系统将根据所监视的地址是否可达来动态地调整本路由设备的优先级。一旦所监视的 IP 地址变为不可达,即 ping 不通,就按照设置的数值减少本路由设备在 VRRP 备份组中的优先级,而此时同一个备份组中优先级更高的其他路由设备就可以成为该 VRRP 备份组的活动的(或主)路由设备。该命令的可选参数 interval 是探测该目标地址 是否可达的间隔时间,可选参数 timeout 是判定超时,即目标不可达的时间。可选参数 retry 是判定确认不可达的次数。

配置 VRRP 备份组监视的 IP/IPv6 地址,可以执行表 6-8 命令。

表 6-8

命令	作用
Switch(config-if) # vrrp group track ip-address [interval interval-value] [timeout timeout-value] [retry retry-value] [priority]	配置 IPv4 VRRP 备份组监视的 IP 地址

续表

命令	作用
Switch（config-if）# no vrrp group track ip-address	取消 IPv4 VRRP 备份组监视地址配置
Switch（config-if）# vrrp IPv6 group track ﹛ipv6-global-address \ ﹛ ipv6-linklocal-address interface-type number ﹜﹜［interval interval-value］［timeout timeout-value］［retry retry-value］［priority］	配置 IPv6 VRRP 备份组监视的 IP 地址
Switch（config-if）# no vrrp IPv6 group track ﹛ ipv6-global-address \ ﹛ ipv6-linklocal-address interface-type number ﹜﹜	取消 IPv6 VRRP 备份组监视地址配置

缺省状态下，系统没有配置 VRRP 备份组监视的地址。参数 interval-value 取值范围为 1～3600s，如果该参数缺省，系统会取其默认值，即 3s。参数 timeout-value 取值范围为 1～60s，如果该参数缺省，系统会取其默认值，即 1s。注意：参数 timeout-value 必须小于或等于参数 interval-value。参数 retry-value 的取值范围是 1～60 次，如果该参数缺省，系统会取其默认值，即 3 次。参数 priority 取值范围为 1～255，如果该参数缺省，系统会取默认值，即 10。对于配置 VRRP IPv6 地址必须先配置 VRRP IPv6 链路本地地址。如果配置监视指定的链路本地地址，则还必须配置指定的接口。

(九)配置 VRRP 通告定时设备学习功能

如果当前路由设备是 VRRP 备份路由设备，在配置了定时设备学习功能后，它会从主路由设备的 VRRP 通告中学习 VRRP 通告发送间隔，并由此来计算主路由设备失效判断间隔，而不是使用自己本地设置的 VRRP 通告发送间隔来计算。本命令可以实现辅助路由设备与主路由设备的 VRRP 通告发送定时设备同步。

配置 VRRP 通告定时设备学习功能，可以执行表 6-9 命令。

表 6-9

命令	作用
Switch（config-if）# vrrp group timers learn	配置 IPv4 VRRP 通告定时设备学习功能
Switch（config-if）# no vrrp group timers learn	取消 IPv4 VRRP 通告定时设备学习功能
Switch（config-if）# vrrp IPv6 group timers learn	配置 IPv6 VRRP 通告定时设备学习功能
Switch（config-if）# no vrrp IPv6 group timers learn	取消 IPv6 VRRP 通告定时设备学习功能

缺省状态下,系统没有为 VRRP 组配置定时设备学习功能。

(十)配置路由设备在 VRRP 备份组的描述字符串

为 VRRP 备份组配置描述字符串,可以便于区分 VRRP 备份组。

配置路由设备在 VRRP 备份组的描述字符串,可以执行表 6-10 命令。

表 6-10

命令	作用
Switch(config-if)# vrrp group description text	配置 IPv4 VRRP 备份组描述字符串
Switch(config-if)# no vrrp group description	取消 IPv4 VRRP 备份组描述字符串配置
Switch(config-if)# vrrp IPv6 group description text	配置 IPv6 VRRP 备份组描述字符串
Switch(config-if)# no vrrp IPv6 group description	取消 IPv6 VRRP 备份组描述字符串配置

(十一)配置 VRRP 备份组延迟启动

某个接口上 VRRP 备份组的延迟启动时间有两种,即系统启动时的延迟时间和与接口状态变为活动时的延迟时间,可以分别配置,也可同时配置。

在非抢占模式下,优先级较高的 VRRP 备份组启动时,不会抢占同一备份组的主设备。但在某些情况下,即使配置了非抢占模式,刚启动的 VRRP 备份组也会抢占成为 VRRP 主设备。这是因为设备启动或者接口刚变为活动时,该接口上的 VRRP 备份组没有及时收到同一备份组的主设备发出的 VRRP 报文。

这时可以配置 VRRP 备份组延迟启动。配置后,当系统启动或者接口状态变为活动时,该接口上的 VRRP 备份组不会立即启动;而是等待相应的延迟时间后再启动 VRRP 备份组,保证非抢占配置不会失效。

如果在延迟启动 VRRP 时该接口上接收到 VRRP 报文,则会取消延迟,立即启动 VRRP。

要配置 VRRP 备份组延迟启动,可以执行表 6-11 命令。

表 6-11

命令	作用
Switch(config-if)# vrrp delay { minimum min-seconds｜reload reload-seconds }	配置接口上 VRRP 备份组延迟启动时间
Switch(config-if)# no vrrp delay	取消接口上 VRRP 备份组延迟启动配置

缺省状态下,接口没有配置 VRRP 备份组延迟启动。两种 VRRP 备份组延迟启动时间的取值范围均为 0～60s。配置 VRRP 备份组延迟启动将对接口的 IPv4 VRRP 和 IPv6 VRRP 备份组同时生效。

（十二）配置 IPv4 VRRP 的 VRRP 报文发送标准

IPv4 VRRP 的 VRRP 报文发送标准有两种：VRRPv2 和 VRRPv3。缺省使用 VRRPv2 标准。

配置 IPv4 VRRP 的 VRRP 报文的发送标准，可以执行表 6-12 命令。

表 6-12

命令	作用
Switch（config-if）# vrrp group version {2|3}	配置 IPv4 VRRP 的 VRRP 报文的发送标准
Switch（config-if）# no vrrp group version	缺省使用 VRRPv2 标准

三、VRRP 的监视与维护

可使用 show 命令与 debug 命令来监控与维护 VRRP。

表 6-13 所示的 show 命令可以考察本地路由设备的 IPv4 VRRP 状态或 IPv6 VRRP 状态。

表 6-13

命令	作用
Switch# show [ipv6] vrrp [brief|group]	查看当前的 IPv4 VRRP 状态或者 IPv6 VRRP 状态
Switch# show [ipv6] vrrp interface type number [brief]	显示指定网络接口上 IPv4 VRRP 状态或者 IPv6 VRRP 状态

下面给出使用这些命令的示例。

（1）show [ipv6] vrrp 命令。

Switch# show vrrp FastEthernet 0/0 - Group 1
State is Backup
Virtual IP address is 192.168.201.1 configured
Virtual MAC address is 0000.5e00.0101
Advertisement interval is 3 sec
Preemption is enabled
min delay is 0 sec
Priority is 100
Master Router is 192.168.201.213，priority is 120
Master Advertisement interval is 3 sec
Master Down interval is 10.82 sec
FastEthernet 0/0 - Group 2
State is Master
Virtual IP address is 192.168.201.2 configured
Virtual MAC address is 0000.5e00.0102
Advertisement interval is 3 sec

Preemption is enabled

min delay is 0 sec

Priority is 120

Master Router is 192.168.201.217(local),priority is 120

Master Advertisement interval is 3 sec

Master Down interval is 10.59 sec

Switch＃show IPv6 vrrp

GigabitEthernet 0/13 - Group 1

State is Master

Virtual IPv6 address is as follows：

FE80::2

1::2

Virtual MAC address is 0000.5e00.0201

Advertisement interval is 1 sec

Preemption is enabled

min delay is 0 sec

Priority is 100

Master Router is FE80::1(local),priority is 100

Master Advertisement interval is 1 sec

Master Down interval is 3.60 sec

上面的显示信息包括 IPv4 VRRP 和 IPv6 VRRP 以太网接口名称,接口上设置 VRRP 备份组号、状态、优先级、抢占方式、VRRP 通告发送间隔、虚拟 IP 地址、虚拟 MAC 地址、主路由设备 IP 地址、主路由设备优先级、主路由设备通告发送间隔、主路由设备失效判断间隔、当前 VRRP 备份组监视的接口以及对应的优先级改变尺度。

(2)show [ipv6] vrrp brief 命令。

Switch＃ show vrrp brief

Interface	Grp	Pri	Time	Own	Pre	State	Master addr	Group addr
FastEthernet 0/0	1	100	3.60	-	P	Backup	192.168.201.213	192.168.201.1
FastEthernet 0/0	2	120	3.53	-	P	Master	192.168.201.217	192.168.201.2

Switch＃show IPv6 vrrp brief

Interface	Grp	Pri	Time	Own	Pre	State	Master addr	Group addr
GigabitEthernet 0/13	1	100	3.60	-	P	Master	FE80::1	FE80::2

上面的显示信息包括 IPv4 VRRP 和 IPv6 VRRP 以太网接口名称,接口上设置 VRRP 备份组号、状态、优先级、抢占方式、虚拟 IP 地址、主路由设备 IP 地址。

(3)show [ipv6] vrrp interface 命令。

Switch＃ show vrrp interface FastEthernet 0/0

FastEthernet 0/0 - Group 1

State is Backup

Virtual IP address is 192.168.201.1 configured

Virtual MAC address is 0000. 5e00. 0101

Advertisement interval is 3 sec

Preemption is enabled

VRRP standard version is V3

min delay is 0 sec

Priority is 100

Master Router is 192. 168. 201. 213,priority is 120

Master Advertisement interval is 3 sec

Master Down interval is 10. 82 sec

FastEthernet 0/0 - Group 2

State is Master

Virtual IP address is 192. 168. 201. 2 configured

Virtual MAC address is 0000. 5e00. 0102

Advertisement interval is 3 sec

Preemption is enabled

min delay is 0 sec

Priority is 120

Master Router is 192. 168. 201. 217(local),priority is 120

Master Advertisement interval is 3 sec

Master Down interval is 10. 59 sec

Switch♯show IPv6 vrrp inter gig 0/13

GigabitEthernet 0/13 - Group 1

State is Master

Virtual IPv6 address is as follows：

FE80：：2

1：：2

Virtual MAC address is 0000. 5e00. 0201

Advertisement interval is 1 sec

Preemption is enabled

min delay is 0 sec

Priority is 100

Master Router is FE80：：1(local),priority is 100

Master Advertisement interval is 1 sec

Master Down interval is 3. 60 sec

上面的显示信息包括 IPv4 VRRP 和 IPv6 VRRP 指定的以太网接口名称、接口上设置 VRRP 备份组号、状态、优先级、抢占方式,VRRP 通告发送间隔,虚拟 IP 地址,虚拟 MAC 地址,主路由设备 IP 地址,主路由设备优先级,主路由设备通告发送间隔,主路由设备失效判断间隔,当前 VRRP 备份组监视的接口以及对应的优先级改变尺度。

表 6-14 所示的 debug 命令可以提供本地路由设备的 VRRP 状态调试信息,包括 VRRP 组的状态变化、VRRP 通告收发及 VRRP 事件等信息。

表 6-14

命令	作用
Switch# debug [ipv6] vrrp errors	打开 VRRP 出错提示调试开关
Switch# no debug [ipv6] vrrp errors	关闭 VRRP 出错提示调试开关
Switch# debug [ipv6] vrrp events	打开 VRRP 事件调试开关
Switch# no debug [ipv6] vrrp events	关闭 VRRP 事件调试开关
Switch# debug [ipv6] vrrp packets	打开 VRRP 报文调试开关
Switch# no debug [ipv6] vrrp packets	关闭 VRRP 报文调试开关
Switch# debug [ipv6] vrrp state	打开 VRRP 状态调试开关
Switch# no debug [ipv6] vrrp state	关闭 VRRP 状态调试开关
Switch# debug [ipv6] vrrp	打开 VRRP 调试开关
Switch# no debug [ipv6] vrrp	关闭 VRRP 调试开关

下面给出使用这些命令的示例。

(1)debug [ipv6] vrrp 命令。

Switch# debug vrrp

Switch#

% VRRP-6-STATECHANGE：FastEthernet 0/0 IPv4 VRRP Grp 1 state Master —> Backup

VRRP：IPv4 VRRP Grp 1 Advertisement from 192.168.201.213 has invalid virtual address 192.168.1.1

VRRP：IPv4 VRRP Grp 1 on interface Gi 0/13 is sending IPv4 VRRP V2 advertisement checksum a352.

Switch# debug IPv6 vrrp

Switch#

VRRP：IPv6 VRRP Grp 1 Event‐Advert higher or equal priority

% VRRP-6-STATECHANGE：FastEthernet 0/0 IPv6 VRRP Grp 1 state Backup —> Master

Switch#

VRRP：IPv6 VRRP Grp 1 on interface Gi 0/13 is sending IPv6 VRRP v3 advertisement checksum 6de3.

(2)debug [ipv6] vrrp errors 命令。

Switch# debug vrrp errors

Switch#

VRRP：IPv4 VRRP Grp 1 Advertisement from 192.168.1.1 has wrong checksum.

VRRP：IPv4 VRRP Grp 1 Advertisement from 192.168.1.1 has wrong checksum.

VRRP：IPv4 VRRP　Grp　1 Advertisement　from 192.168.1.1 has wrong checksum.

上面的显示信息表明接收到来自 192.168.1.1 针对 IPv4 VRRP 组 1 的 VRRP 通告校验和错误。

Switch＃ debug IPv6 vrrp errors

Switch＃

VRRP：IPv6 VRRP Grp 1 Advertisement from FE80：：2D0：F8FF：FE22：DE00 has different IP address.

VRRP：IPv6 VRRP Grp 1 Advertisement from FE80：：2D0：F8FF：FE22：DE00 has different IP address.

VRRP：IPv6 VRRP Grp 1 Advertisement from FE80：：2D0：F8FF：FE22：DE00 has different IP address.

上面的信息显示同一个 IPv6 VRRP 组，但是组 IPv6 地址不一样。

(3)debug［ipv6］vrrp events 命令。

Switch＃ debug vrrp events

Switch＃

VRRP：IPv4 VRRP Grp 1 Event - Advert higher or equal priority

VRRP：IPv4 VRRP Grp 1 Event - Advert higher or equal priority

Switch＃ debug IPv6 vrrp events

VRRP：IPv6 VRRP Grp 1 Event - Advert higher or equal priority

Switch＃

上面的显示信息表明本地 IPv4 VRRP 组和 IPv6 VRRP 组接收到的 VRRP 通告（Advertisement）中的优先级不低于本地优先级。

(4)debug［ipv6］vrrp packets 命令。

Switch＃ debug vrrp packets

Switch＃

VRRP：IPv4 VRRP Grp 1 on interface Gi 0/13 is sending IPv4 VRRP V2 advertisement checksum a352.

VRRP：IPv4 VRRP Grp 1 on interface Gi 0/13 is sending IPv4 VRRP V2 advertisement checksum a352.

Switch＃ debug ipv6 vrrp packets

VRRP：IPv6 VRRP Grp 1 on interface Gi 0/13 is sending IPv6 VRRP v3 advertisement checksum 6de3.

VRRP：IPv6 VRRP Grp 1 on interface Gi 0/13 is sending IPv6 VRRP v3 advertisement checksum 6de3.

上面的显示信息表明本地 IPv4 VRRP 组 1 和 IPv6 VRRP 组 1 正在发送 VRRP 通告。

Switch＃ debug vrrp packets

Switch＃

VRRP：IPv4 VRRP Grp 1 on interface Gi 0/13 received IPv4 v2 advertisement priority 100，source 192.168.1.1.

Switch♯ debug ipv6 vrrp packets

VRRP:IPv6 VRRP Grp 1 on interface Gi 0/13 received IPv6 v3 advertisement priority 100,source FE80::1.

上面的显示信息表明本地接收到来自 192.168.1.1 针对 IPv4 VRRP 组 1 的 VRRP 通告,其优先级为 100,同时接收到了来自 FE80::1 针对 IPv6 VRRP 组 1 的 VRRP 通告。

(5)debug [ipv6] vrrp state 命令。

Switch♯ debug vrrp state

Switch♯

VRRP:IPv4 VRRP Grp 1 add primary virtual IP,startup.

Switch♯ debug ipv6 vrrp state

VRRP:IPv6 VRRP Grp 1 add primary virtual IP,startup.

上面的显示信息表明 FastEthernet 0/0 上的 IPv4 VRRP 组和 IPv6 VRRP 组配置了主 IP 地址,启动 VRRP 备份组。

任务实施

一、配置 IPv4 的 VRRP 单备份组

1. 实训目标

配置 IPv4 的 VRRP 单备份组。

2. 实训环境

在图 6-3 所示的连接中,在路由设备 R1 与 R2 上配置了 VRRP 备份组来为内部网段 192.168.201.0/24 提供 VRRP 服务,而在路由设备 R3 上没有配置 VRRP 而只是配置了普通路由功能。下面的配置中将只给出路由设备 R1 与 R2 的 VRRP 相关配置。

路由设备 R3 上的配置:

!

!

hostname "R3"

!

!

!

interface FastEthernet 0/0

/ * "no switchport"命令只有在交换机上才需要 * /

no switchport

ip address 192.168.12.217 255.255.255.0

!

interface GigabitEthernet 1/1

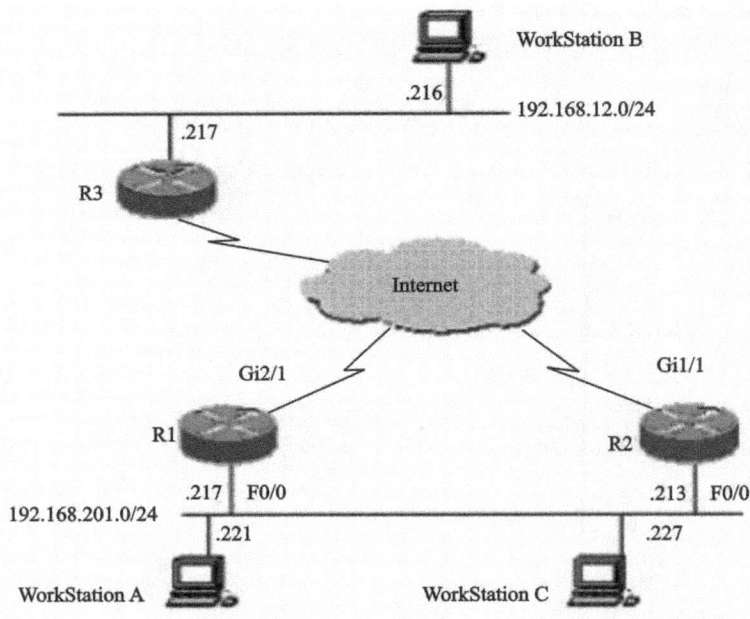

图 6-3　配置 IPv4 的 VRRP 实训环境

```
/ *  "no switchport"命令只有在交换机上才需要 * /
no switchport
ip address 60.154.101.5 255.255.255.0
!
interface GigabitEthernet 2/1
/ *  "no switchport"命令只有在交换机上才需要 * /
no switchport
ip address 202.101.90.61 255.255.255.0
!
router ospf
network 202.101.90.0 0.0.0.255 area 10
network 192.168.12.0 0.0.0.255 area 10
network 60.154.101.0 0.0.0.255 area 10
!
!
!
end
```

3. **实训要点**

按照图 6-3 建立连接。在这个配置示例中，用户工作站群(192.168.201.0/24)使用路由设备 R1 与 R2 组成的备份组，并将其网关指向该备份组设置的虚拟路由设备的 IP 地址 192.168.201.1，经由虚拟路由设备 192.168.201.1 访问远程用户工作站群(其工作网络为 192.

168.12.0/24)。在这里 R1 被设置成 VRRP 的主路由设备。正常情况下,路由设备 R1 作为活动路由设备提供网关(192.168.201.1)的功能,当路由设备 R1 由于关机或者出现故障而不可达时,路由设备 R2 将替代它来提供网关(192.168.201.1)的功能。

4. 实训步骤

(1)路由设备 R1 的配置。

```
!
!
hostname "R1"
!
!
interface FastEthernet 0/0
ip address 192.168.201.217 255.255.255.0
vrrp 1 priority 120
vrrp 1 version 3

vrrp 1 timers advertise 3
vrrp 1 ip 192.168.201.1
!
interface GigabitEthernet 2/1
ip address 202.101.90.63 255.255.255.0
!
router ospf
network 202.101.90.0 0.0.0.255 area 10
network 192.168.201.0 0.0.0.255 area 10
!
```

(2)路由设备 R2 的配置。

```
!
hostname "R2"
!
interface FastEthernet 0/0
ip address 192.168.201.213 255.255.255.0
vrrp 1 ip 192.168.201.1
vrrp 1 version 3
vrrp 1 timers advertise 3
!
interface GigabitEthernet 1/1
/ *  "no switchport"命令只有在交换机上才需要 * /
no switchport
```

```
ip address 60.154.101.3 255.255.255.0
!
!
router ospf
network 60.154.101.0 0.0.0.255 area 10
network 192.168.201.0 0.0.0.255 area 10
!
!
end
```

可见，路由设备 R1 与 R2 同处于 IPv4 VRRP 备份组 1 中，而且都采用 VRRPv3 标准，指向相同的虚拟路由设备的 IP 地址(192.168.201.1)并且均处于 VRRP 的抢占模式下。由于路由设备 R1 的 IPv4 VRRP 备份组优先级为 120，而路由设备 R2 的 IPv4 VRRP 备份组优先级取默认值 100，所以路由设备 R1 在正常情况下充当 IPv4 VRRP 的主路由设备。

二、配置 IPv4 的 VRRP 监视接口

1. 实训目标

配置 IPv4 的 VRRP 监视接口。

2. 实训环境

同配置 IPv4 的 VRRP 单备份组实训环境。

3. 实训要点

与单备份组配置示例不同的是，在这个配置示例中，路由设备 R1 中设置了 VRRP 监视接口 GigabitEthernet 2/1。正常情况下，路由设备 R1 作为活动路由设备提供虚拟网关(192.168.201.1)的功能，当路由设备 R1 由于关机或者出现故障而不可达时，路由设备 R2 将代替它来提供虚拟网关(也就是虚拟路由设备的地址 192.168.201.1)的功能。特别是在路由设备 R1 与广域网的接口 GigabitEthernet 2/1 不可用时，路由设备 R1 将会按照设置降低自己的 VRRP 备份组的优先级，从而使得路由设备 R2 有机会成为主动路由设备并提供虚拟网关 (192.168.201.1)的功能；如果此后路由设备 R1 与广域网的接口 GigabitEthernet 2/1 恢复正常，那么路由设备 R1 将恢复自己的 VRRP 备份组优先级再次成为主路由设备并提供虚拟网关的功能。

4. 实训步骤

(1)路由设备 R1 的配置。

```
!
!
hostname "R1"
!
```

!

interface FastEthernet 0/0

ip address 192.168.201.217 255.255.255.0

vrrp 1 priority 120

vrrp 1 timers advertise 3

vrrp 1 ip 192.168.201.1

vrrp 1 track GigabitEthernet 2/1 30

!

interface GigabitEthernet 2/1

ip address 202.101.90.63 255.255.255.0

!

router ospf

network 202.101.90.0 0.0.0.255 area 10

network 192.168.201.0 0.0.0.255 area 10

!

!

end

(2)路由设备 R2 的配置。

!

!

hostname "R2"

!

interface FastEthernet 0/0

ip address 192.168.201.213 255.255.255.0

vrrp 1 ip 192.168.201.1

vrrp 1 timers advertise 3

!

interface GigabitEthernet 1/1

ip address 60.154.101.3 255.255.255.0

!

router ospf

network 60.154.101.0 0.0.0.255 area 10

network 192.168.201.0 0.0.0.255 area 10

!

!

end

可见,路由设备 R1 与 R2 同处于 VRRP 备份组 1 中,使用相同的 VRRP 备份组验证模式(无验证模式),指向相同的虚拟 IP 地址(192.168.201.1),并且均处于 VRRP 的抢占模式下。路由设备 R2 与路由设备 R2 的 VRRP 的通告发送间隔均为 3s。正常情况下,由于路由设备 R1 的 VRRP 备份组优先级为 120,而路由设备 R2 的 VRRP 备份组优先级取默认值 100,所以路由设备 R1 在正常情况下充当主路由设备。如果路由设备 R1 在作为主路由设备状态下发现与广域网的接口 GigabitEthernet 2/1 不可用,路由设备 R1 将自己的 VRRP 备份组优先级降低 30 而成为 90,这样路由设备 R2 就会成为主路由设备。如果此后路由设备 R1 发现自己与广域网的接口 GigabitEthernet 2/1 恢复可用,就将自己的 VRRP 备份组优先级增加 30 而恢复到 120,这样路由设备 R1 将再次成为主路由设备。

三、配置 IPv4 的 VRRP 多备份组

1. 实训目标

配置 IPv4 的 VRRP 多备份组。

2. 实训环境

同配置 IPv4 的 VRRP 单备份组实训环境。

3. 实训要点

在同一个以太网接口上配置多个 VRRP 备份组,可以实现负载均衡同时通过互相备份来提供更稳定、可靠的网络服务。用户工作站群(192.168.201.0/24)使用路由设备 R1 与 R2 组成的备份组,其中部分用户工作站(如 A)将其网关指向备份组 1 的虚拟 IP 地址 192.168.201.1,部分用户工作站(如 C)则将其网关指向备份组 2 的虚拟 IP 地址 192.168.201.2。路由设备 R1 在备份组 2 中作为主路由设备,在备份组 1 中作为备份路由设备;而路由设备 R2 在备份组 2 中作为备份路由设备,在备份组 1 中作为主路由设备。

4. 实训步骤

(1)路由设备 R1 的配置。

```
!
!
hostname "R1"
!
interface FastEthernet 0/0
ip address 192.168.201.217 255.255.255.0
vrrp 1 timers advertise 3
vrrp 1 ip 192.168.201.1
vrrp 2 priority 120
vrrp 2 timers advertise 3
vrrp 2 ip 192.168.201.2
vrrp 2 track GigabitEthernet 2/1 30
!
```

interface GigabitEthernet 2/1

ip address 202.101.90.63 255.255.255.0

!

router ospf

network 202.101.90.0 0.0.0.255 area 10

network 192.168.201.0 0.0.0.255 area 10

!

!

end

(2)路由设备 R2 的配置。

!

!

hostname "R2"

!

interface FastEthernet 0/0

ip address 192.168.201.213 255.255.255.0

vrrp 1 ip 192.168.201.1

vrrp 1 timers advertise 3

vrrp 1 priority 120

vrrp 2 ip 192.168.201.2

vrrp 2 timers advertise 3

!

interface GigabitEthernet 1/1

ip address 60.154.101.3 255.255.255.0

!

router ospf

network 60.154.101.0 0.0.0.255 area 10

network 192.168.201.0 0.0.0.255 area 10

end

可见路由设备 R1 与 R2 相互备份,而且两者分别在 VRRP 备份组 1 与备份组 2 中成为主路由设备并提供不同的虚拟网关功能。

四、配置 IPv6 的 VRRP 单备份组

1. 实训目标

配置 Ipv6 的 VRRP 单备份组。

2. 实训环境

配置 IPv6 的 VRRP 单备份组实训环境见图 6-4。

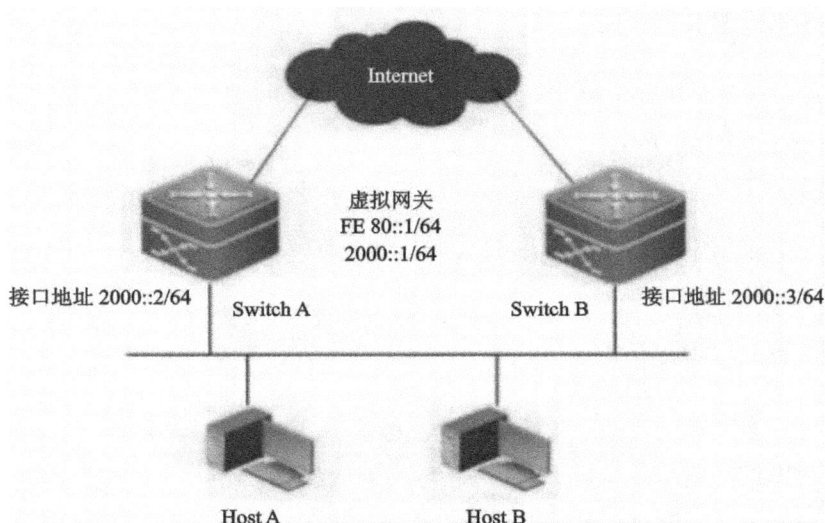

图 6-4   配置 IPv6 的 VRRP 单备份组实训环境

3. 实训要点

本例既适用于交换机设备，又适用于路由器设备。

（1）Host A 和 Host B 需要通过网关访问 Internet 上的资源，它们的缺省网关为 2000：：1/64。

（2）Switch A 和 Switch B 属于虚拟 IPv6 路由器的备份组 1，其虚拟地址为 2000：：1/64 和 FE80：：1。

（3）当 Switch A 正常工作时，Host A 访问 Internet 的报文通过 Switch A 转发；当 Switch A 出现故障时，Host A 访问 Internet 的报文通过 Switch B 转发。

4. 实训步骤

（1）Switch A 的配置。

配置接口的 IPv6 地址以启用接口的 IPv6 服务：

interface FastEthernet 0/1

no switchport 命令只有在交换机上才需要：

no switchport ipv6

address 2000：：2/64

!

创建 VRRP 组 1 并配置虚拟 IPv6 地址 FE80：：1 和 2000：：1：

interface FastEthernet 0/0

vrrp 1 ipv6 FE80：：1

vrrp 1 ipv6 2000：：1

调整 VRRP 组的优先级为 120：

vrrp ipv6 1 priority 120

调整 VRRP 组的公告间隔为 3s：

vrrp ipv61 timers advertise 3

配置 IPv6 VRRP 的 Accept_Mode：

vrrp ipv6 1 accept_mode

!

（2）Switch B 的配置。

创建 VRRP 组 1 并配置虚拟 IPv6 地址 FE80：：1 和 2000：：1：

interface FastEthernet 0/1

no switchport 命令只有在交换机上才需要：

no switchport

ipv6 address 2000：：3/64

创建 VRRP 组 1 并配置虚拟 IPv6 地址 FE80：：1 和 2000：：1：

interface FastEthernet 0/0

vrrp 1 ipv6 FE80：：1

vrrp 1 ipv6 2000：：1

调整 VRRP 组的优先级为 120：

vrrp ipv6 1 priority 100

调整 VRRP 组的公告间隔为 3s：

vrrp ipv61 timers advertise 3

配置 IPv6 VRRP 的 Accept_Mode 模式：

vrrp ipv6 1 accept_mode

可见，Switch A 与 Switch B 同处于 IPv6 VRRP 备份组 1 中，指向相同的虚拟路由设备的 IPv6 地址（2000：：1）并且均处于 VRRP 的抢占模式下。由于 Switch A 的 IPv6 VRRP 备份组优先级为 120，而 Switch B 的 VRRP 备份组优先级取默认值 100，所以 Switch A 在正常情况下充当 IPv6 VRRP 的主路由设备。

（3）显示验证。

配置完成后，可以通过 show ipv6 vrrp 1 来查看 VRRP 的配置信息。

♯ 显示 Switch A 的配置信息

Switch♯ show ipv6 vrrp 1

FastEthernet 0/1 - Group 1

State is Master

Virtual IPv6 address is as follows：

FE80：：1

2000：：1

Virtual MAC address is 0000.5e00.0201

Advertisement interval is 3 sec

Accept_Mode is enabled

Preemption is enabled

min delay is 0 sec

Priority is 120

Master Router is FE80：：1234(local)，priority is 120

Master Advertisement interval is 3 sec

Master Down interval is 10.59 sec

♯显示 Switch B 的配置信息

Switch♯show ipv6 vrrp 1

FastEthernet 0/1 - Group 1

State is Backup

Virtual ipv6 address is as follow：

FE80：：1

2000：：1

Virtual MAC address is 0000.5e00.0201

Advertisement interval is 3 sec

Accept_Mode is enabled

Preemption is enabled

min delay is 0 sec

Priority is 100

Master Router is FE80：：1234，priority is 120

Master Advertisement interval is 3 sec

Master Down interval is 10.82 sec

(五)配置 IPv6 的 VRRP 监视接口

1.实训目标

配置 IPv6 的 VRRP 监视接口。

2.实训环境

配置 IPv6 的 VRRP 监视接口实训环境见图 6-5。

3.实训要点

本例既适用于交换机设备，又适用于路由器设备。

(1)Host A 和 Host B 需要通过网关访问 Internet 上的资源，它们的缺省网关为 2000：：1/64。

(2)Switch A 和 Switch B 属于虚拟 IPv6 路由器的备份组 1，其虚拟地址为 2000：：1/64 和 FE80：：1。

(3)Switch A 监视与 Internet 链接的接口 Fastethernet 0/2，当 Fastethernet 0/2 不可用时，Switch A 的 VRRP 1 将降低自己的优先级，由 Switch B 执行网关功能。

4.实训步骤

(1)Switch A 的配置。

♯配置接口的 IPv6 地址以启用接口的 IPv6 服务

interface FastEthernet 0/0

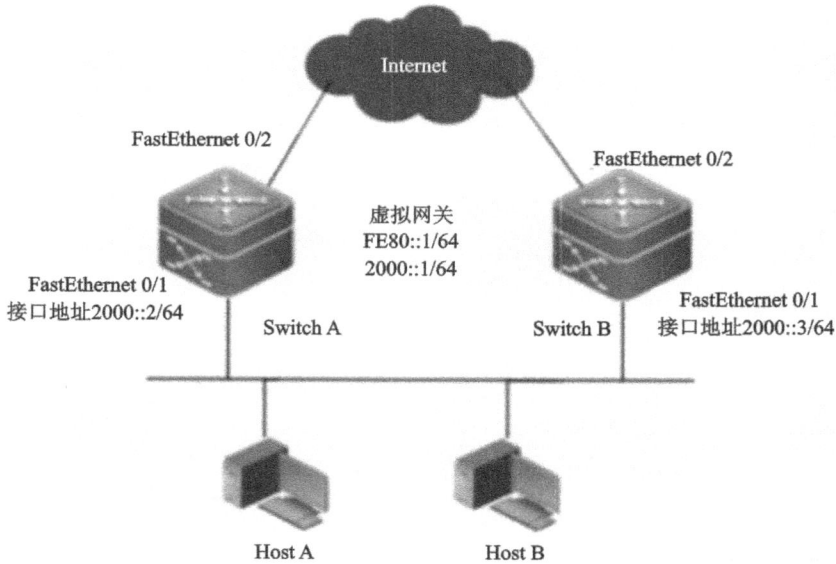

图 6-5　置 IPv6 的 VRRP 监视接口实训环境

no switchport 命令只有在交换机上才需要：

no switchport ipv6

address 2000::2/64

!

创建 VRRP 组 1 并配置虚拟 IPv6 地址 FE80::1 和 2000::1：

interface FastEthernet 0/0

vrrp 1 ipv6 FE80::1

vrrp 1 ipv6 2000::1

!

调整 VRRP 组的优先级为 120：

vrrp ipv6 1 priority 120

!

调整 VRRP 组的公告间隔为 3s：

vrrp ipv6 1 timers advertise 3

!

配置 VRRP 1 监视接口 FastEthernet 0/2：

vrrp ipv6 1 track FastEthernet 0/2 50

配置 IPv6 VRRP 的 Accept_mode 模式：

vrrp ipv6 1 accept_mode

(2)Switch B 的配置。

创建 VRRP 组 1 并配置虚拟 IPv6 地址 FE80::1 和 2000::1：

interface FastEthernet 0/0

no switchport 命令只有在交换机上才需要：

no switchport

ipv6 address 2000：：3/64

!

创建 VRRP 组 1 并配置虚拟 IPv6 地址 FE80：：1 和 2000：：1：

interface FastEthernet 0/0

vrrp 1 ipv6 FE80：：1

vrrp 1 ipv6 2000：：1

调整 VRRP 组的优先级为 100：

vrrp ipv6 1 priority 100

!

调整 VRRP 组的公告间隔为 3s：

vrrp ipv6 1 timers advertise 3

配置 IPv6 VRRP 的 Accept_mode 模式：

vrrp ipv6 1 accept_mode

可见，Switch A 与 Switch B 同处于 IPv6 VRRP 备份组 1 中，指向相同的虚拟路由设备的 IPv6 地址（2000：：1），并且均处于 IPv6 VRRP 的抢占模式下。由于 Switch A 的 IPv6 VRRP 备份组优先级为 120，而 Switch B 的 IPv6 VRRP 备份组优先级取默认值 100，所以 Switch A 在正常情况下充当 IPv6 VRRP 的主路由设备。如果 Switch A 在作为主路由设备状态下发现接口 FastEthernet 0/2 不可用，Switch A 将自己的 VRRP 备份组优先级降低 50 成为 70，这样 Switch B 就会成为主路由设备。如果在此后，Switch A 发现自己接口 FastEthernet 0/2 恢复可用，就将自己的 VRRP 备份组优先级增加 50 而恢复到 120，这样 Switch A 将再次成为主路由设备。

（3）显示验证

配置完成后，可以通过 show ipv6 vrrp 1 来查看 VRRP 的配置信息。

显示 Switch A 的配置信息：

Switch＃show ipv6 vrrp 1

FastEthernet 0/1 - Group 1

State is Master

Virtual IPv6 address is as follows：

FE80：：1

2000：：1

Virtual MAC address is 0000.5e00.0201

Advertisement interval is 3 sec

Accept_Mode is enabled

Preemption is enabled

min delay is 0 sec

Priority is 120

Master Router is FE80::1234(local),priority is 120

Master Advertisement interval is 3 sec

Master Down interval is 10.59 sec

Tracking state of 1 interface,1 up：

up FastEthernet 0/2 priority decrement＝50

显示 Switch B 的配置信息：

Switch＃show ipv6 vrrp 1

FastEthernet 0/1‐Group 1

State is Backup

Virtual IPv6 address is as follow：

FE80::1

2000::1

Virtual MAC address is 0000.5e00.0201

Advertisement interval is 3 sec

Accept_Mode is enabled

Preemption is enabled

min delay is 0 sec

Priority is 100

Master Router is FE80::1234,priority is 120

Master Advertisement interval is 3 sec

Master Down interval is 10.82 sec

(六)配置 IPv6 的 VRRP 多备份组

除了单备份组,还允许在同一个以太网接口上配置多个 VRRP 备份组。使用多备份组,有着显而易见的好处:可以实现负载均衡同时通过互相备份来提供更稳定、可靠的网络服务。

1.实训目标

配置 Ipv6 的 VRRP 多备份组。

2.实训环境

配置 IPv6 的 VRRP 多备份组实训环境见图 6-6。

3.实训要点

本例既适用于交换机设备,又适用于路由器设备。

(1)Host A 和 Host B 需要通过网关访问 Internet 上的资源,它们的缺省网关分别为 2000::1/64 和 2000::100/64。

(2)Switch A 和 Switch B 属于虚拟 IPv6 路由器的备份组 1,其虚拟地址为 2000::1/64 和 FE80::1。

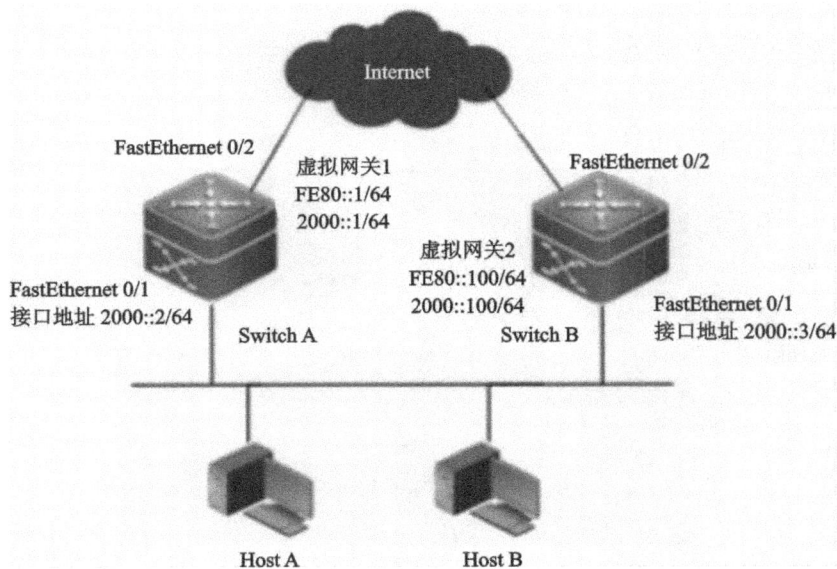

图 6-6　配置 IPv6 的 VRRP 多备份组实训环境

（3）同时，Switch A 和 Switch B 属于虚拟 IPv6 路由器的备份组 2，其虚拟地址为 2000：：100/64 和 FE80：：100。

（4）Switch A 和 Switch B 既可作为网关转发流量，又可作为另外一台设备的备份。

4. 实训步骤

（1）Switch A 的配置。

配置接口的 IPv6 地址以启用接口的 IPv6 服务：

interface FastEthernet 0/0

no switchport 命令只有在交换机上才需要：

no switchport

ipv6 address 2000：：2/64

!

创建 VRRP 组 1 并配置虚拟 IPv6 地址 FE80：：1 和 2000：：1：

interface FastEthernet 0/0

vrrp 1 ipv6 FE80：：1

vrrp 1 ipv6 2000：：1

!

调整 VRRP 组的优先级为 120：

vrrp ipv6 1 priority 120

!

调整 VRRP 组的公告间隔为 3s：

vrrp ipv6 1 timers advertise 3

配置 IPv6 VRRP 的 Accept_Mode 模式：

vrrp ipv6 1 accept_mode

!

创建 VRRP 组 2 并配置虚拟 IPv6 地址 FE80::100 和 2000::100:

vrrp 2 ipv6 FE80::100

vrrp 2 ipv6 2000::100

!

调整 VRRP 组的优先级为 100:

vrrp ipv6 2 priority 100

调整 VRRP 组的公告间隔为 3s:

vrrp ipv6 2 timers advertise 3

配置 IPv6 VRRP 的 Accept_Mode 模式:

vrrp ipv6 2 accept_mode

(2)Switch B 的配置。

interface FastEthernet 0/0

no switchport 命令只有在交换机上才需要:

no switchport

ipv6 address 2000::3/64

!

创建 VRRP 组 1 并配置虚拟 IPv6 地址 FE80::1 和 2000::1:

interface FastEthernet 0/0

vrrp 1 ipv6 FE80::1

vrrp 1 ipv6 2000::1

调整 VRRP 组的优先级为 100:

vrrp ipv6 1 priority 100

!

调整 VRRP 组的公告间隔为 3s:

vrrp ipv6 1 timers advertise 3

配置 IPv6 VRRP 的 Accept_Mode 模式:

vrrp ipv6 1 accept_mode

!

!

创建 VRRP 组 2 并配置虚拟 IPv6 地址 FE80::100 和 2000::100:

vrrp 2 ipv6 FE80::100

vrrp 2 ipv6 2000::100

!

调整 VRRP 组的优先级为 120:

vrrp ipv6 2 priority 120

调整 VRRP 组的公告间隔为 3s:

vrrp ipv6 2 timers advertise 3

!

配置 IPv6 VRRP 的 Accept_Mode 模式：

vrrp ipv6 2 accept_mode

!

可见，Switch A 与 Switch B 同处于 IPv6 VRRP 备份组 1 中，指向相同的虚拟路由设备的 IPv6 地址（2000::1）并且均处于 IPv6 VRRP 的抢占模式下。对于备份组 1，由于 Switch A 的 VRRP 备份组优先级为 120，而 Switch B 的 IPv6 VRRP 备份组优先级取默认值 100，所以 Switch A 在正常情况下充当 IPv6 VRRP 备份组 1 的主路由设备。而对于备份组 2，Switch A 的 IPv6 VRRP 备份组优先级为 100，Switch B 的 IPv6 VRRP 备份组优先级为 120，且备份组 2 处于抢占模式下，所以正常情况下，Switch B 充当 IPv6 VRRP 备份组 2 的主路由设备。同一局域网中的主机，Host A 以备份组 1 为默认网关，Host B 以备份组 2 为默认网关，Switch A 和 Switch B 实现了路由冗余，并同时分担了来自局域网的流量即实现了负载平衡。对于该例，IPv6 主机需要手动配置默认网关才能实现 IPv6 VRRP 备份组负载分担的功能。

（3）显示验证。

配置完成后，可以通过 show ipv6 vrrp 来查看 VRRP 的配置信息。

显示 Switch A 的配置信息：

Switch # show ipv6 vrrp

FastEthernet 0/1 - Group 1

State is Master

Virtual ipv6 address is as follows：

FE80::1

2000::1

Virtual MAC address is 0000.5e00.0201

Advertisement interval is 3 sec

Accept_Mode is enabled

Preemption is enabled

min delay is 0 sec

Priority is 120

Master Router is FE80::1234(local)，priority is 120

Master Advertisement interval is 3 sec

Master Down interval is 10.59 sec

FastEthernet 0/1 - Group 2

State is Backup

Virtual IPv6 address is as follows：

FE80::100

2000::100

Virtual MAC address is 0000.5e00.0202

Advertisement interval is 3 sec

Accept_Mode is enabled

Preemption is enabled

min delay is 0 sec

Priority is 100

Master Router is FE80：：5678，priority is 120

Master Advertisement interval is 3 sec

Master Down interval is 10. 82 sec

♯ 显示 Switch B 的配置信息

Switch♯ show ipv6 vrrp 1

FastEthernet 0/1 - Group 1

State is Backup

Virtual IPv6 address is as follow：

FE80：：1

2000：：1

Virtual MAC address is 0000. 5e00. 0201

Advertisement interval is 3 sec

Accept_Mode is enabled

Preemption is enabled

min delay is 0 sec

Priority is 100

Master Router is FE80：：1234，priority is 120

Master Advertisement interval is 3 sec

Master Down interval is 10. 82 sec

FastEthernet 0/1 - Group 2

State is Master

Virtual IPv6 address is as follows：

FE80：：100

2000：：100

Virtual MAC address is 0000. 5e00. 0202

Advertisement interval is 3 sec

Accept_Mode is enabled

Preemption is enabled

min delay is 0 sec

Priority is 120

Master Router is FE80：：5678(local)，priority is 120

Master Advertisement interval is 3 sec

Master Down interval is 10. 59 sec

（七）交换机配置 VRRP 实训

1. 实训目标

双核心的网络环境下，需增强网络的稳定性，在主网关设备发生故障时，备份网关设备可以在不影响内外数据通信的前提下进行网关切换，且不需要再修改内部网络的设置。例如：内网有网段 VLAN 10，当核心交换机 A 或者上联接口出现故障时，数据切换到核心交换机 B 上通信。

2. 实训环境

交换机配置 VRRP 实训环境见图 6-7。

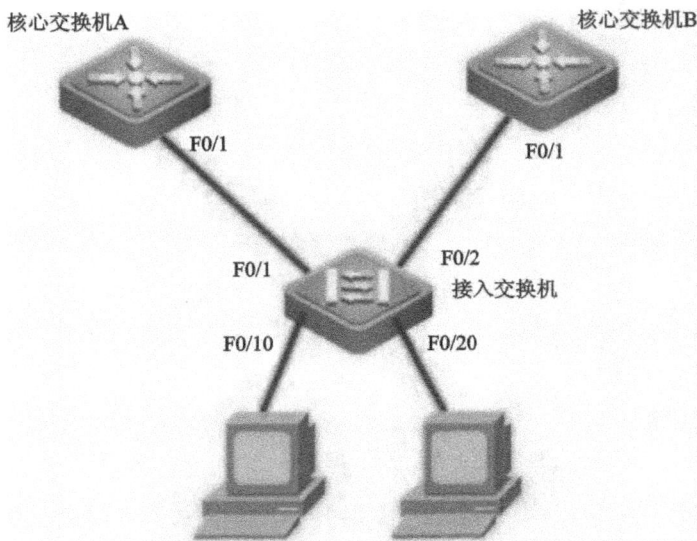

图 6-7　交换机配置 VRRP 实训环境

3. 实训要点

(1) 核心交换机分别配置 VLAN 10 的网关地址。

(2) SVI 接口或者三层接口配置 VRRP。

(3) 必须保证两台核心交换机的 VRRP 报文可以通过。

4. 配置步骤

(1) 配置连通性。

核心交换机 A 和核心交换机 B 的配置：

Switch(config)♯vlan 10

Switch(config-vlan)♯exit

Switch(config)♯interface FastEthernet 0/1

Switch(config-if-FastEthernet 0/1)♯switch mode trunk

Switch(config)♯vlan 10

Switch(config-vlan)♯exit

Switch(config)♯interface FastEthernet 0/1

Switch(config-if-FastEthernet 0/1)♯switch mode trunk

Switch(config)♯interface FastEthernet 0/2

Switch(config-if-FastEthernet 0/2)♯switch mode trunk

Switch(config)♯interface FastEthernet 0/10

Switch(config-if-FastEthernet 0/10)♯switch access vlan 10

Switch(config)♯interface FastEthernet 0/20

Switch(config-if-FastEthernet 0/20)♯switch access vlan 20

（2）VRRP 配置。

核心交换机 A 配置：

Switch(config)♯int vlan 10

Switch(config-VLAN 10)♯ip address 192.168.10.254   255.255.255.0

Switch(config-VLAN 10)♯vrrp 1 ip 192.168.10.1

Switch(config-VLAN 10)♯vrrp 1 priority 120

Switch(config-VLAN 10)♯exit

核心交换机 B 配置：

Switch(config)♯int vlan 10

Switch(config-VLAN 10)♯ip address 192.168.10.253 255.255.255.0

Switch(config-VLAN 10)♯vrrp 1 ip 192.168.10.1

Switch(config-VLAN 10)♯exit

（3）保存配置。

Switch(config-VLAN 10)♯end

Switch♯write

（4）配置验证。

Switch♯sh vrrp   brief

Interface	Grp	Pri	timer	Own	Pre	State	Master addr	Group addr
VLAN 10	1	120	3	-	P	Master	192.168.10.254	192.168.10.1

Switch♯show vrrp 1

VLAN 10 - Group 1

State is Master

Virtual IP address is 192.168.10.1 configured

Virtual MAC address is 0000.5e00.0101

Advertisement interval is 1 sec

Preemption is enabled

   min delay is 0 sec

Priority is 120

Master Router is 192.168.10.254(local),priority is 120

Master Advertisement interval is 1 sec

Master Down interval is 3 sec

任务拓展

1.实训目标

图 6-8 为典型的双核心拓扑结构,本例只适用于交换机或路由器交换卡。用户通过接入设备 Switch C、Switch D、Switch E、Switch F 划分属于 VLAN 10、VLAN 20、VLAN 30、VLAN 40; Switch A 和 Switch B 作为网关设备实现用户与外网通信。具体应用需求如下:

(1)通过运行 MSTP,实现物理链路备份,避免环路产生;不同的 VLAN 沿着各自的实例进行数据转发,实现二层流量负载均衡。

(2)通过运行 VRRP,实现网关设备的路由备份,同时分担来自局域网的流量。

(3)能够监控主路由设备的上行链路,当出现链路故障,辅助路由设备能够及时切换为主路由设备进行数据转发。

2.实训环境

任务拓展实训环境见图 6-8。

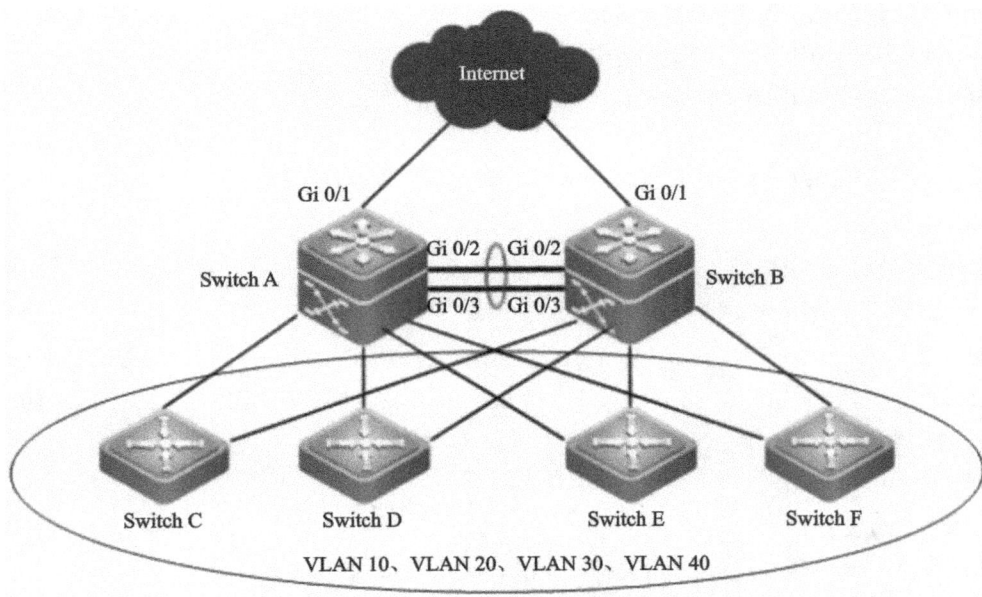

图 6-8　任务拓展实训环境

3.实训要点

(1)在设备上(本例为 Switch A、Switch B、Switch C、Switch D、Switch E、Switch F)实现 MSTP 功能,配置 VLAN-Instance 之间的实例映射(本例将 VLAN 10、VLAN 20 对应 Instance 1,VLAN 30、VLAN 40 对应 Instance 2,其余 VLAN 对应 Instance 0),并设置网关设

备(本例为 Switch A 和 Switch B)为对应实例的根桥。

(2)将各 VLAN 的 SVI 加入相应的 VRRP 备份组,并设置网关设备为对应备份组的主路由设备和辅助路由设备。

本例具体配置如表 6-15 所示。

表 6-15

网关设备	VLAN ID	SVI	备份组	虚拟 IP 地址	状态
Switch A	10	192.168.10.2	VRRP 10	192.168.10.1	Master
Switch B		192.168.10.3			Backup
Switch A	20	192.168.20.2	VRRP 20	192.168.20.1	Master
Switch B		192.168.20.3			Backup
Switch A	30	192.168.30.2	VRRP 30	192.168.30.1	Backup
Switch B		192.168.30.3			Master
Switch A	40	192.168.40.2	VRRP 40	192.168.40.1	Backup
Switch B		192.168.40.3			Master

(3)将对应备份组的主路由设备的上链口(本例为 Switch A 和 Switch B 的端口 Gi 0/1)设置为主路由设备的监视接口。

(4)在配置 VRRP 备份组的监视接口时,参数 Priority decrement(系统根据监视接口状态自动降低或增加优先级的值)必须大于主路由设备和辅助路由设备的优先级差值。

任务七 IP 组播

◈ 知识目标

❏ 了解 IP 组播协议的技术原理。
❏ 掌握 IP 组播的配置方法。

◈ 能力目标

❀ 熟练掌握 IP 组播的相关配置命令。
❀ 学会运用 IP 组播配置技术,以保证网络内网的相关应用
服务。

◈ 任务描述

通常公司的内网会由于连接的用户增多而扩大,大量的用户
经常要在大致相同的时间内访问相同的信息,使得网络带宽不堪
重负,而使用 IP 组播技术分发信息能从本质上减少对网络带宽的
需求,成功的案例是音频和视频网络。某公司需要连接其各地的
分公司召开视频会议,如何借助于 IP 组播技术来大幅度节省带宽
的使用呢?

知识储备

一、IP组播概述

传统的 IP 传输只允许一台主机向单个主机(单播通信)或者所有主机(广播通信)发送报文,组播技术则提供第三种选择:允许一台主机向某些主机发送报文。这些接收主机则被称为组成员。发送到组成员的报文目的地址是某个 D 类地址(224.0.0.0~239.255.255.255)。组播报文的传输类似于 UDP,只是一种尽力保证传输准确的服务,不提供类似于 TCP 的可靠传输和差错控制。构成组播的应用需要发送方和接收方。发送方无须加入某个组就可以发送组播报文,而接收方必须事先加入某个组才能接收到这个组的报文。

组成员的关系是动态的,主机可以随时加入或者离开某个组,而且组成员的位置和个数没有任何限制。如果需要,一台主机可以同时作为多个组的成员。因此,组的活动状态和组成员的个数可随着时间而发生变化。

设备通过执行组播路由协议(如 PIM-DM,PIM-SM 等)来维护转发组播报文的路由表,通过 IGMP(Internet Group Management Protocal,Internet 组管理协议)来学习在直连网段上组成员的状态。主机通过发送 IGMP 报文消息来加入特定的 IGMP 组。

IP 组播技术非常适用于"一对多"的多媒体应用。

(一)IP 组播协议

IP 组播包括如下协议(图 7-1)。

(1)IGMP:Internet 组管理协议,运行于路由设备和主机之间,跟踪学习组成员的关系。

(2)PIM-DM:密集模式组播路由协议,运行在路由设备之间,通过建立组播路由表来实现组播转发。

(3)PIM-SM:稀疏模式组播路由协议,运行在路由设备之间,通过建立组播路由表来实现组播转发。

(二)RPF 检查

组播路由协议依赖于现有的单播路由、MBGP 路由或组播静态路由来创建组播路由表项。组播路由协议在创建组播路由表项时,运用了 RPF(Reverse Path Forwarding,逆向路径转发)检查机制,以确保组播数据能够沿正确的路径传输,同时能避免由于各种原因而造成的环路。

(1)执行 RPF 检查的依据:单播路由、MBGP 路由或组播静态路由。

① 单播路由表提供了单播路由。

② MBGP 路由表提供了仅供组播 RPF 检查使用的跨域路由。

③ 组播静态路由表提供了用户手动配置的 RPF 路由。

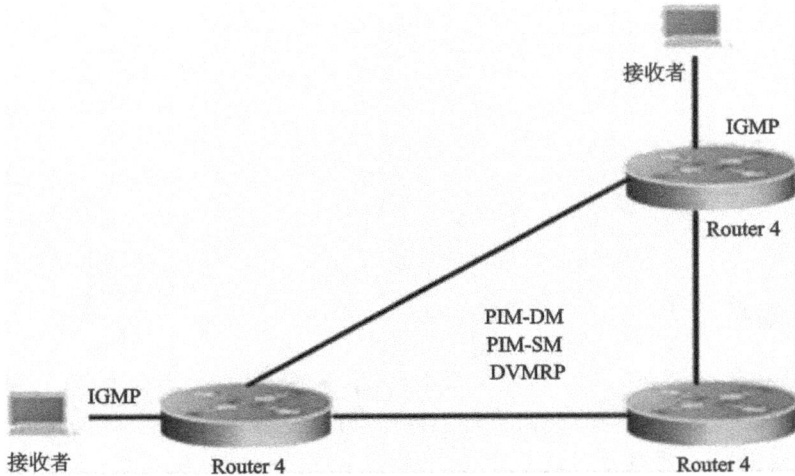

图 7-1　IP 组播环境中应用的协议

(2)RPF 检查的过程。

在执行 RPF 检查时，同时查找单播路由表、MBGP 路由表和组播静态路由表，具体过程如下：

首先，分别从单播路由表、MBGP 路由表和组播静态路由表中各选出一条最优路由。

① 以"报文源"的 IP 地址为目的地址查找单播路由表，选取一条最优路由。

若该单播路由只带一个下一跳信息，判断该路由下一跳的出接口是否启动了组播功能。若出接口未启动组播功能，则认为不存在单播路由可用于 RPF 检查；若出接口启动了组播功能，则认为该单播路由可用于 RPF 检查，对应的出接口为 RPF 接口。

若该单播路由带多个下一跳信息，遍历所有下一跳信息，判断该下一跳的出接口是否启动了组播功能。若出接口未启动组播功能，继续遍历下个下一跳信息；若出接口启动了组播功能，则认为该单播路由可用于 RPF 检查，对应的出接口为 RPF 接口。

若遍历完所有下一跳信息，无出接口启动组播功能，则认为不存在单播路由可用于 RPF 检查，若不存在最优路由，则认为不存在单播路由可用于 RPF 检查。

再从 MBGP 路由表选出一条最优路由。

② 以"报文源"的 IP 地址为目的地址查找 MBGP 路由表，选取一条最优路由。

若该 MBGP 路由只带一个下一跳信息，判断该路由下一跳的出接口是否启动了组播功能。若出接口未启动组播功能，则认为不存在 MBGP 路由可用于 RPF 检查；若出接口启动了组播功能，则认为该 MBGP 路由可用于 RPF 检查。

若不存在最优路由，则认为不存在 MBGP 路由可用于 RPF 检查，从组播静态路由表选出一条最优路由。

③ 以"报文源"的 IP 地址为目的地址查找组播静态路由表，选取一条最优路由。

若该组播静态路由只带一个下一跳信息，判断该路由下一跳的出接口是否启动了组播功能。若出接口未启动组播功能，则认为不存在单播路由可用于 RPF 检查；若出接口启动了组播功能，则进一步判断是否存在单播路由可用于 RPF 检查。

若该组播静态路由下一跳未关联单播协议号,则认为该组播静态路由可用于 RPF 检查;若不存在单播路由可用于 RPF 检查,则认为该组播静态路由可用于 RPF 检查;若存在单播路由可用于 RPF 检查,且单播路由的协议号和该静态组播下一跳关联的单播协议号不一致,则认为不存在组播静态路由可用于 RPF 检查;若存在单播路由可用于 RPF 检查,且单播路由的协议号和该静态组播下一跳关联的单播协议号一致,则认为该组播静态路由可用于 RPF 检查。

若该组播静态路由带多个下一跳信息,遍历所有下一跳信息,判断该下一跳的出接口是否启动了组播功能。若出接口未启动组播功能,继续遍历下个下一跳信息;若出接口启动了组播功能,则进一步判断是否存在单播路由可用于 RPF 检查。

若该组播静态路由下一跳未关联单播协议号,则认为该组播静态路由可用于 RPF 检查,对应的出接口为 RPF 接口;若不存在单播路由可用于 RPF 检查,则认为该组播静态路由可用于 RPF 检查,对应的出接口为 RPF 接口;若存在单播路由可用于 RPF 检查,且单播路由的协议号和该静态组播下一跳关联的单播协议号不一致,则继续遍历下个下一跳信息;若存在单播路由可用于 RPF 检查,且单播路由的协议号和该静态组播下一跳关联的单播协议号一致,则认为该组播静态路由可用于 RPF 检查,对应的出接口为 RPF 接口。

若遍历完所有下一跳信息,无组播静态路由可用于 RPF 检查,则认为不存在组播静态路由可用于 RPF 检查。若不存在最优路由,则认为不存在组播静态路由可用于 RPF 检查。

然后,从这三条最优路由中选择一条作为 RPF 路由。

二、配置 IP 组播

(一)启动 IP 组播

只有启动组播路由转发功能后,组播数据报文及协议报文才能够被组播相关协议接收处理。要启动 IP 组播,可执行表 7-1 命令。

表 7-1

命令	作用
Switch(config)# ip multicast-routing [vrf vrf-name]	启动组播路由转发

(二)配置 TTL 阈值

要配置 TTL 阈值,可以执行表 7-2 命令。

表 7-2

命令	作用
Switch (config-if) # ip multicast ttl-threshold ttl-value	配置接口的 TTL 阈值(接口上允许通过的组播报文 TTL 的最小值)。缺省值为 0,TTL 阈值范围为 0~255

（三）限制能够加入 IP 组播路由表中的条目数量

要限制能够加入 IP 组播路由表中的条目数量，可以执行表 7-3 命令。

表 7-3

命令	作用
Switch（config）# ip multicast ［vrf vrf-name］route-limit limit ［threshold］	限制能够加入组播路由表中的条目数量 limit：能够加入组播路由表中的条目数量，范围为 1～2147483647，缺省值为 1024。 threshold：（可选）触发产生警示消息的组播路由数量，缺省值为 2147483647

（四）设置特定 IP 组范围的 IP 组播边界

要设置特定 IP 组范围的 IP 组播边界，可以执行表 7-4 命令。

表 7-4

命令	作用
Switch(config-if)# ip multicast boundary access-list ［in｜out］	设置接口成为特定组范围的组播边界 支持 IP 标准的数字 acl 或者命名指定特定的 IP 组范围

（五）配置 IP 组播静态路由

要配置 IP 组播静态路由，可以执行表 7-5 命令。

表 7-5

命令	作用
Switch（config）# ip mroute ［vrf vrf-name］source-address mask［bgp｜isis｜ospf｜rip｜static］{ v4rpf-address｜interface-type interface-number } ［distance］	配置组播静态路由，并可以指定这些路由的协议类型 distance 范围为 0～255

组播静态路由允许组播转发路径不同于单播路径。组播报文转发时都会进行 RPF 检查：报文的实际接收接口是期望接收的接口（该接口就是到达发送方的单播路由下一跳接口）。如果单播的拓扑和组播的拓扑一致，那么这样的检查是合理的。但是，在某种情况下，还是希望单播的路径和组播的路径有所不同。

通过配置组播静态路由，能够使设备根据配置信息进行 RPF 检查，而不是单播路由表。因此，组播报文使用隧道，单播报文不使用隧道。组播静态路由只存在于本地，并不会发布出去或者进行路由转发。

（六）配置组播流二层流向控制

要配置组播流二层流向控制，可以执行表 7-6 命令。

表 7-6

命令	作用
Switch（config）# ip multicast static source-address group-address interface-type interface-number	控制二层端口的数据流流向。 配置的静态出口必须为二层端口

对于某一条组播流可以配置多条命令,也就是说配置多个被允许转发的端口。一旦为某组播流配置了流向控制,该组播流就只可能由这些已配置的端口转发出去,其他未被允许的端口将不允许转发组播流。

(七)配置按照最长匹配选择 RPF 路由

要配置按照最长匹配选择 RPF 路由,可以执行表 7-7 命令。

表 7-7

命令	作用
Switch（config）# ip multicast［vrf vrf-name］rpf longest-match	遵循 RPF 规则分别从组播静态路由表、MBGP 路由表、单播路由表中选出一条最优路由。从这三条路由中选出掩码最长匹配的那条路由,作为 RPF 路由

遵循 RPF 规则分别从组播静态路由表、MBGP 路由表、单播路由表中选取出可用于 RPF 检查的组播静态路由、MBGP 路由和单播路由。

如果设置了按照最长匹配选择路由,则从这三条路由中选出掩码最长匹配的那条路由,作为 RPF 路由。如果这三条路由的掩码一样,则选择其中优先级最高的那条路由;如果它们的优先级也相同,则按照组播静态路由、MBGP 路由、单播路由的顺序进行选择。

否则,从这三条路由中选出优先级最高的那条路由;如果它们的优先级相同,则按照组播静态路由、MBGP 路由、单播路由的顺序进行选择。

(八)配置组播不间断转发参数

要配置组播不间断转发参数,可以执行表 7-8 命令。

表 7-8

命令	作用
Switch（config）# msf nsf convergence-time time	配置等待组播协议收敛所需的最大时间,取值范围为 0～3600 秒,缺省值为 70 秒
Switch（config）# msf nsf leak time	配置组播报文泄漏的时间,取值范围为 0～3600 秒,缺省值为 80 秒

正常运行状态下,SSP 将硬件组播转发表实时同步到从管理板。当管理板切换后,原从管理板组播控制面配置命令加载,组播协议(如 PIM-SM,IGMP Snooping 等)重新收敛。组播不间断转发(Non-stop Forwarding)功能保证在组播协议重新收敛的这段时间内,组播数据流的转发不间断。

当设置的协议收敛时间超时后,在协议收敛时间内未被更新过的所有组播转发表项将被删除。

从管理板成为主管理板后,若组播协议重新收敛,则需要组播数据流触发。所以切换后,虽然硬件转发表已经存在,但是 SSP 仍然需要将组播流限速地送往 CPU,这个时间持续的长短可以通过配置 leak time 来控制。

(九)配置组播硬件表项溢出覆盖机制

要配置组播硬件表项溢出覆盖机制,可以执行表 7-9 命令。

表 7-9

命令	作用
Switch(config) # msf ipmc-overflow over-ride	创建组播转发表项时,如果硬件转发表项资源已满,则将删除最早创建的硬件表项资源,添加新增加的表项

三、IP 组播的监视与维护

要对 IP 组播的情况进行监视与维护,可以执行表 7-10 命令。

表 7-10

命令	作用
Switch # show ip mroute [vrf vrf-name] [group-or-source-address [group-or-source-address]] [dense|sparse] [summary|count]	查看 IPv4 组播转发表
Switch # clear ip mroute [vrf vrf-name] { * | v4group-address[v4source-address] }	删除 IPv4 组播转发表
Switch # clear ip mroute [vrf vrf-name] statistics { * | v4group-address [v4source-address] }	复位 IPv4 组播转发表统计信息
Switch # show ip mroute [vrf vrf-name]static	查看 IPv4 静态组播路由信息
Switch # show ip rpf [vrf vrf-name] source-address	查看特定 IPv4 源地址的 RPF 信息
Switch # show ip mvif [vrf vrf-name] [interface-type interface-number]	查看 IPv4 组播接口的信息

续表

命令	作用
Switch# show ip mrf [vrf vrf-name] mfc	查看 IPv4 三层组播转发表
Switch# show msf msc	查看 IPv4 多层组播转发表
Switch# show msf nsf	查看 IPv4 组播不间断转发配置
Switch# debug nsm mcast [vrf vrf-name] all	查看组播核心的运行过程
Switch# debug nsm mcast [vrf vrf-name] fib-msg	查看 IPv4 组播核心对协议模块进行通信过程
Switch# debug nsm mcast [vrf vrf-name] vif	查看 IPv4 组播核心关于接口运行过程
Switch# debug nsm mcast [vrf vrf-name] stats	查看 IPv4 组播核心关于接口和表项统计信息的处理过程
Switch# debug ip mrf [vrf vrf-name]for-warding	查看 IPv4 三层组播报文转发的处理过程
Switch# debug ip mrf [vrf vrf-name] mfc	查看 IPv4 下对三层组播转发表项的操作过程
Switch # debug ip mrf [vrf vrf-name] event	查看 IPv4 下关于三层组播转发事件的处理过程
Switch# debug msf forwarding	查看 IPv4 多层组播报文转发的处理过程
Switch# debug msf mfc	查看 IPv4 下对多层组播转发表项的操作过程
Switch# debug msf ssp	查看 IPv4 多层组播转发操作底层硬件的处理过程
Switch# debug msf api	查看 IPv4 多层组播转发提供的 API 接口被调用的处理过程
Switch# debug msf event	查看 IPv4 下关于多层组播转发事件的处理过程

任务实施

一、PIM-DM 配置实训

1. 实训目标

(1)在组播源和组播接收者之间通过运行 IGMP 来建立和维护组播组成员关系,对于组播运行密集的网络可通过运行 PIM-DM 实现组播数据三层路由转发,在二层设备上通过 IGMP Snooping 实现组播数据二层转发。

（2）仅允许 VLAN 10 内的主机加入 225.0.0.0/8 地址范围的组播组，并限制主机可加入的组播组数量不能超过 200。

（3）避免末端组播路由设备（本例为 Switch B）从下游设备接收 PIM 数据包建立 PIM 邻居关系。

2. 实训环境

PIM-DM 配置实训环境见图 7-2。

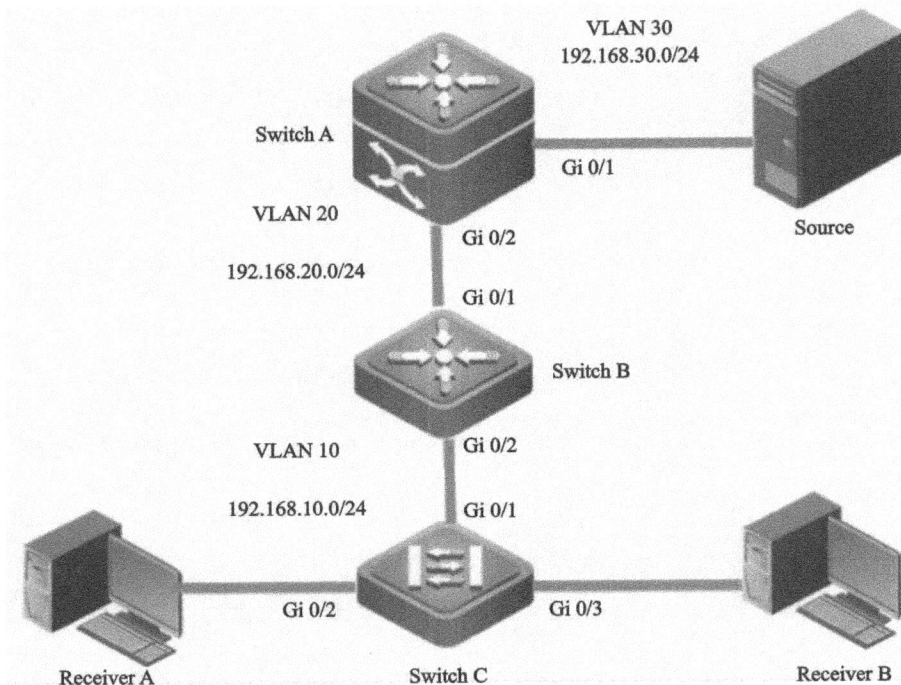

图 7-2　PIM-DM 配置实训环境

Switch A 和 Switch B 为三层设备，Switch C 为二层接入设备，下连用户属于 VLAN 10。组播源属于 VLAN 30，与组播接收端处于不同的网段。

3. 实训要点

（1）在三层设备（本例为 Switch A 和 Switch B）上配置单播路由协议，确保不同网段之间的路由连通性，本例通过配置静态路由实现。

（2）在组播路由设备的三层接口实现（本例为 VLAN 10、VLAN 20、VLAN 30 的 SVI）上配置 PIM-DM，则自动开启 IGMP，缺省运行版本为 IGMPv2。

（3）在二层设备（本例为 Switch C）上配置 IGMP Snooping，本例仅开启 IGMP Snooping 的 IVGL 模式。

（4）通过在组播路由设备的三层接口（本例为 Switch B 的 VLAN 10 的 SVI）上配置组播组访问控制，可以限制该接口下的主机允许加入的组播组范围；并在该接口配置 IGMP 组成员数量限制（本例限制 Switch B 的 VLAN 10 的 SVI 组成员数量为 200）。

（5）在 Switch B 与二层设备关联的三层接口上配置 PIM 邻居过滤功能，通过在 ACL 上设置过滤条件，仅允许接收来自上游邻居设备的 PIM 数据包。

4. 实训步骤

(1)在设备上配置各 VLAN 的 SVI。

① 在 Switch A 上,创建 VLAN 20、VLAN 30,并配置 VLAN 20 的 SVI 为 192.168.20. 1/24,VLAN 30 的 SVI 为 192.168.30.1/24。

Switch A♯configure terminal

Enter configuration commands,one per line. End with CNTL/Z.

Switch A(config)♯vlan 20

Switch A(config-vlan)♯exit

Switch A(config)♯vlan 30

Switch A(config-vlan)♯exit

Switch A(config)♯interface vlan 20

Switch A(config-if-VLAN 20)♯ip address 192.168.20.1 255.255.255.0

Switch A(config-if-VLAN 20)♯exit

Switch A(config)♯interface vlan 30

Switch A(config-if-VLAN 30)♯ip address 192.168.30.1 255.255.255.0

Switch A(config-if-VLAN 30)♯exit

② 在 Switch B 上,创建 VLAN 10、VLAN 20,并配置 VLAN 10 的 SVI 为 192.168.10. 1/24,VLAN 20 的 SVI 为 192.168.20.2/24。

Switch B♯configure terminal

Enter configuration commands,one per line. End with CNTL/Z.

Switch B(config)♯vlan 10

Switch B(config-vlan)♯exit

Switch B(config)♯vlan 20

Switch B(config-vlan)♯exit

Switch B(config)♯interface vlan 10

Switch B(config-if-VLAN 10)♯ip address 192.168.10.1 255.255.255.0

Switch B(config-if-VLAN 10)♯exit

Switch B(config)♯interface vlan 20

Switch B(config-if-VLAN 20)♯ip address 192.168.20.2 255.255.255.0

Switch B(config-if-VLAN 20)♯exit

(2)配置设备上各端口属性。

① 在 Switch A 上配置端口 Gi 0/1 为 Access Port,属于 VLAN 30;端口 Gi 0/2 为 Trunk Port。

Switch A(config)♯interface gigabitEthernet 0/1

Switch A(config-if-GigabitEthernet 0/1)♯switchport access vlan 30

Switch A(config-if-GigabitEthernet 0/1)♯exit

Switch A(config)♯interface gigabitEthernet 0/2

Switch A(config-if-GigabitEthernet 0/2)♯switchport mode trunk

Switch A(config-if-GigabitEthernet 0/2)♯exit

在 Switch B 上配置端口 Gi 0/1 和 Gi 0/2 为 Trunk Port。

Switch B(config)♯interface range gigabitEthernet 0/1-2

Switch B(config-if-range)♯switchport mode trunk

Switch B(config-if-range)♯exit

② 在 Switch C 上配置端口 Gi 0/1 为 Trunk Port；端口 Gi 0/2-3 为 Access Port，属于 VLAN 10。

Switch C(config)♯interface gigabitEthernet 0/1

Switch C(config-if-GigabitEthernet 0/1)♯switchport mode trunk

Switch C(config-if-GigabitEthernet 0/1)♯exit

Switch C(config)♯interface range gigabitEthernet 0/2-3

Switch C(config-if-range)♯switchport access vlan 10

Switch C(config-if-range)♯exit

(3)在三层设备上配置静态路由。

Switch B(config)♯ip route 192.168.30.0 255.255.255.0 192.168.20.1　//在 Switch B 上配置到达网段 192.168.30.0 的下一跳 IP 地址是 192.168.20.1

Switch A(config)♯ip route 192.168.10.0 255.255.255.0 192.168.20.2　//在 Switch A 上配置到达网段 192.168.10.0 的下一跳 IP 地址是 192.168.20.2

(4)在三层接口上开启组播路由功能。

① 在 Switch A 上，全局开启组播路由，并在各接口上开启 PIM-DM。

Switch A(config)♯ip multicast-routing

Switch A(config)♯interface vlan 20

Switch A(config-if-VLAN 20)♯ip pim dense-mode

Switch A(config-if-VLAN 20)♯exit

Switch A(config)♯interface vlan 30

Switch A(config-if-VLAN 30)♯ip pim dense-mode

Switch A(config-if-VLAN 30)♯exit

② 在 Switch B 上，全局开启组播路由，并在各接口上开启 PIM-DM。

Switch B(config)♯ip multicast-routing

Switch B(config)♯interface vlan 10

Switch B(config-if-VLAN 10)♯ip pim dense-mode

Switch B(config-if-VLAN 10)♯exit

Switch B(config)♯interface vlan 20

Switch B(config-if-VLAN 20)♯ip pim dense-mode

Switch B(config-if-VLAN 20)♯exit

(5)在二层设备上开启 IGMP Snooping 功能。

在全局模式下，配置 IGMP Snooping 为 IVGL 模式。

Switch C(config)♯ip igmp snooping ivgl

(6)在三层接口上配置组播组访问控制，并配置 IGMP 组成员数量限制。

① 在 Switch B 上，创建 ACL，允许 IP 地址为 225.0.0.0/8。

Switch B(config)♯ip access-list standard 1

Switch B(config-std-nacl)♯permit 225.0.0.0 0.255.255.255

Switch B(config-std-nacl)♯exit

② 在 VLAN 10 的 SVI 上配置组播组访问控制,并关联 ACL。

Switch B(config)♯interface vlan 10

Switch B(config-if-VLAN 10)♯ip igmp access-group 1

③ 在 VLAN 10 的 SVI 上配置允许加入的组播组数量为 200。

Switch B(config-if-VLAN 10)♯ip igmp limit 200

Switch B(config-if-VLAN 10)♯exit

(7)配置 PIM 邻居过滤。

在 Switch B 上,创建 ACL 拒绝所有 IP 地址。

Switch B(config)♯ip access-list standard 2

Switch B(config-std-nacl)♯deny any

Switch B(config-std-nacl)♯exit

在 VLAN 10 的 SVI 上配置 PIM 邻居过滤,并关联 ACL,即表示该接口拒绝接收来自其他设备的 PIM 数据包并与其建立邻居关系。

Switch B(config)♯interface vlan 10

Switch B(config-if-VLAN 10)♯ip pim neighbor-filter 2

Switch B(config-if-VLAN 10)♯exit

验证结果。

(8)查看设备配置信息。

① Switch A 的配置。

Switch A♯show running-config

!

vlan 20

!

vlan 30

!

ip multicast-routing

!

interface GigabitEthernet 0/1

switchport access vlan 30

!

interface GigabitEthernet 0/2

switchport mode trunk

!

interface VLAN 20

ip pim dense-mode

no ip proxy-arp

```
ip address 192.168.20.1 255.255.255.0
!
interface VLAN 30
ip pim dense-mode
no ip proxy-arp
ip address 192.168.30.1 255.255.255.0
!
ip route 192.168.10.0 255.255.255.0 192.168.20.2
```

② Switch B 的配置。

```
Switch B#show running-config
!
vlan 10
!
vlan 20
!
ip multicast-routing
!
ip access-list standard 1
10 permit 225.0.0.0 0.255.255.255
!
ip access-list standard 2
10 deny any
!
interface GigabitEthernet 0/1
switchport mode trunk
!
interface GigabitEthernet 0/2
switchport mode trunk
!
interface VLAN 10
ip pim dense-mode
ip pim neighbor-filter 2
ip igmp access-group 1
ip igmp limit 200
no ip proxy-arp
ip address 192.168.10.1 255.255.255.0
!
interface VLAN 20
ip pim dense-mode
```

no ip proxy-arp

ip address 192.168.20.2 255.255.255.0

!

ip route 192.168.30.0 255.255.255.0 192.168.20.1

!

③ 查看接口的 PIM-DM 信息(以 Switch A 为例)。

Switch A♯show ip pim dense-mode interface detail

VLAN 20(vif-id:1):

Address 192.168.20.1

Hello period 30 seconds,Next Hello in 30 seconds

Over-ride interval 2500 milli-seconds

Propagation-delay 500 milli-seconds

Neighbors:

192.168.20.2

VLAN 30(vif-id:2):

Address 192.168.30.1

Hello period 30 seconds,Next Hello in 25 seconds

Over-ride interval 2500 milli-seconds

Propagation-delay 500 milli-seconds

Neighbors:none

通过以上信息可以查看 PIM-DM 的接口 ID 地址,以及对应的 PIM-DM 邻居。

④ 查看 PIM-DM 的下一跳信息(以 Switch B 为例)。

Switch B♯show ip pim dense-mode nexthop

Destination Nexthop Nexthop Nexthop Metric Pref Num Addr Interface 192.168.30.2 1 192.168.20.1 VLAN 20 0 1

二、PIM-SM 配置实训(一)

1. 实训目标

(1)在组播源和组播接收者之间通过运行 IGMP 来建立和维护组播组成员关系,对于组播运用稀疏的网络,通过运行基本的 PIM-SM 配置实现组播数据三层路由转发。

(2)避免未授权的组播源在 PIM-SM 域内发送组播数据。

2. 实训环境

PIM-SM 配置实训(一)环境见图 7-3。

三台三层设备通过路由口互联,组播源(Source)和接收端(Receiver)分布在不同网段。

3. 实训要点

(1)在三层设备上配置单播路由协议,确保不同网段之间的路由连通性,本例配置 OSPF (Open Shortest Path First,开放式最短路径优先)协议。

(2)在各接口上开启 PIM-SM 功能的同时,IGMP 功能自动生效,缺省运行版本为 IGMPv2。

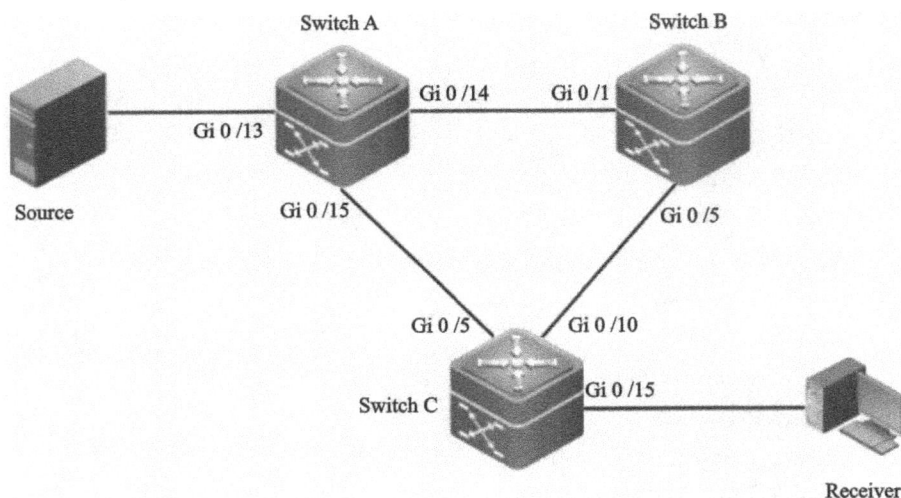

图 7-3　PIM-SM 配置实训（一）环境

（3）在整个 PIM-SM 域内，至少需要配置一个 RP（缺省服务于所有组播组）作为共享树的根节点（本例通过配置 Switch B 的一个接口为静态 RP）。

（4）在 RP 上配置对注册报文的地址过滤（本例在 Switch B 上配置）。

4. 实训步骤

（1）在各设备的接口上配置 IP 地址。

① 配置 Switch A 的接口 IP 地址。

Switch A♯configure terminal

Enter configuration commands,one per line. End with CNTL/Z.

Switch A(config)♯interface GigabitEthernet 0/13

Switch A(config-if-GigabitEthernet 0/13)♯no switchport

Switch A(config-if-GigabitEthernet 0/13)♯ip address 192.168.1.1 255.255.255.0

Switch A(config-if-GigabitEthernet 0/13)♯exit

Switch A(config)♯interface GigabitEthernet 0/14

Switch A(config-if-GigabitEthernet 0/14)♯no switchport

Switch A(config-if-GigabitEthernet 0/14)♯ip address 192.168.2.1 255.255.255.0

Switch A(config-if-GigabitEthernet 0/14)♯exit

Switch A(config)♯interface GigabitEthernet 0/15

Switch A(config-if-GigabitEthernet 0/15)♯no switchport

Switch A(config-if-GigabitEthernet 0/15)♯ip address 192.168.3.1 255.255.255.0

Switch A(config-if-GigabitEthernet 0/15)♯exit

② 配置 Switch B 的接口 IP 地址,另外配置一个 Loopback 接口。

Switch B(config)♯interface GigabitEthernet 0/1

Switch B(config-if-GigabitEthernet 0/1)♯no switchport

Switch B(config-if-GigabitEthernet 0/1)♯ip address 192.168.2.2 255.255.255.0

Switch B(config-if-GigabitEthernet 0/1)♯exit

Switch B(config)♯interface GigabitEthernet 0/5

Switch B(config-if-GigabitEthernet 0/5)♯no switchport

Switch B(config-if-GigabitEthernet 0/5)♯ip address 192.168.4.1 255.255.255.0

Switch B(config-if-GigabitEthernet 0/5)♯exit

Switch B(config)♯interface Loopback 1

Switch B(config-if-Loopback 1)♯ip address 10.1.1.1 255.255.255.0

Switch B(config-if-Loopback 1)♯exit

③ 配置 Switch C 的接口 IP 地址。

Switch C(config)♯interface GigabitEthernet 0/5

Switch C(config-GigabitEthernet 0/5)♯no switchport

Switch C(config-GigabitEthernet 0/5)♯ip address 192.168.3.2 255.255.255.0

Switch C(config-GigabitEthernet 0/5)♯exit

Switch C(config)♯interface GigabitEthernet 0/10

Switch C(config-GigabitEthernet 0/10)♯no switchport

Switch C(config-GigabitEthernet 0/10)♯ip address 192.168.4.2 255.255.255.0

Switch C(config-GigabitEthernet 0/10)♯exit

Switch C(config)♯interface GigabitEthernet 0/15

Switch C(config-GigabitEthernet 0/15)♯no switchport

Switch C(config-GigabitEthernet 0/15)♯ip address 192.168.5.1 255.255.255.0

(2)将设备互联,并在设备上配置相应的 OSPF 协议。

① 配置 Switch A。

Switch A(config)♯route ospf 1

Switch A(config-router)♯network 192.168.1.0 0.0.0.255 area 0

Switch A(config-router)♯network 192.168.2.0 0.0.0.255 area 0

Switch A(config-router)♯network 192.168.3.0 0.0.0.255 area 0

Switch A(config-router)♯exit

② 配置 Switch B。

Switch B(config)♯route ospf 1

Switch B(config-router)♯network 10.1.1.0 0.0.0.255 area 0

Switch B(config-router)♯network 192.168.2.0 0.0.0.255 area 0

Switch B(config-router)♯network 192.168.4.0 0.0.0.255 area 0

Switch B(config-router)♯exit

③ 配置 Switch C。

Switch C(config)♯route ospf 1

Switch C(config-router)♯network 192.168.3.0 0.0.0.255 area 0

Switch C(config-router)♯network 192.168.4.0 0.0.0.255 area 0

Switch C(config-router)♯network 192.168.5.0 0.0.0.255 area 0

Switch C(config-router)♯exit

（3）在设备上全局开启组播路由，并在各接口上启动 PIM-SM。

① 配置 Switch A。

Switch A(config)♯ip multicast-routing

Switch A(config)♯interface GigabitEthernet 0/13

Switch A(config-if-GigabitEthernet 0/13)♯ip pim sparse-mode

Switch A(config-if-GigabitEthernet 0/13)♯exit

Switch A(config)♯interface gigabitEthernet 0/14

Switch A(config-if-GigabitEthernet 0/14)♯ip pim sparse-mode

Switch A(config-if-GigabitEthernet 0/14)♯exit

Switch A(config)♯interface GigabitEthernet 0/15

Switch A(config-if-GigabitEthernet 0/15)♯ip pim sparse-mode

Switch A(config-if-GigabitEthernet 0/15)♯exit

② 配置 Switch B 和 Switch C 同上（注：包括 Switch B 的 Loopback 接口）。

（4）配置 RP。

选择 Switch B 的 Loopback 接口作为 PIM-SM 域的静态 RP（注：静态 RP 需要在所有 PIM 设备上配置一致）。

Switch A(config)♯ip pim rp-address 10.1.1.1

配置 Switch B 和 Switch C 同上。

（5）配置 RP 对注册报文的地址过滤。

在 Switch B 上创建 ACL，仅允许源 IP 地址为 192.168.1.2，组地址范围为 225.0.0.0/8～226.0.0.0/8 的注册报文通过。

Switch B(config)♯ip access-list extended 100

Switch B(config-ext-nacl)♯permit ip host 192.168.1.2 225.0.0.0 0.255.255.255

Switch B(config-ext-nacl)♯permit ip host 192.168.1.2 226.0.0.0 0.255.255.255

Switch B(config-ext-nacl)♯deny ip any any

Switch B(config-ext-nacl)♯exit

将该 ACL 关联 RP 注册报文地址过滤。

Switch B(config)♯ip pim accept-register list 100

验证结果。

（6）查看设备的配置信息。

① Switch A 的配置。

Switch A♯show running-config

!

ip pim rp-address 10.1.1.1

!

ip multicast-routing

!

interface GigabitEthernet 0/13

no switchport

```
ip pim sparse-mode
no ip proxy-arp
ip address 192.168.1.1 255.255.255.0
!
interface GigabitEthernet 0/14
no switchport
ip pim sparse-mode
no ip proxy-arp
ip address 192.168.2.1 255.255.255.0
!
interface GigabitEthernet 0/15
no switchport
ip pim sparse-mode
no ip proxy-arp
ip address 192.168.3.1 255.255.255.0
!
router ospf 1
network 192.168.1.0 0.0.0.255 area 0
network 192.168.2.0 0.0.0.255 area 0
network 192.168.3.0 0.0.0.255 area 0
!
```
② Switch B 的配置。
```
Switch B#show running-config
!
ip pim rp-address 10.1.1.1
ip pim accept-register list 100
!
ip multicast-routing
!
ip access-list extended 100
10 permit ip host 192.168.1.2 225.0.0.0 0.255.255.255
20 permit ip host 192.168.1.2 226.0.0.0 0.255.255.255
30 deny ip any any
!
interface GigabitEthernet 0/1
no switchport
ip pim sparse-mode
no ip proxy-arp
ip address 192.168.2.2 255.255.255.0
```

!

interface GigabitEthernet 0/5

no switchport

ip pim sparse-mode

no ip proxy-arp

ip address 192.168.4.1 255.255.255.0

!

interface Loopback 1

ip pim sparse-mode

ip address 10.1.1.1 255.255.255.0

!

router ospf 1

network 10.1.1.0 0.0.0.255 area 0

network 192.168.2.0 0.0.0.255 area 0

network 192.168.4.0 0.0.0.255 area 0

③ Switch C 的配置。

Switch C♯show running-config

!

ip pim rp-address 10.1.1.1

!

ip multicast-routing

!

interface GigabitEthernet 0/5

no switchport

ip pim sparse-mode

no ip proxy-arp

ip address 192.168.3.2 255.255.255.0

!

interface GigabitEthernet 0/10

no switchport

ip pim sparse-mode

no ip proxy-arp

ip address 192.168.4.2 255.255.255.0

!

interface GigabitEthernet 0/15

no switchport

ip pim sparse-mode

no ip proxy-arp

ip address 192.168.5.1 255.255.255.0

!

router ospf 1

network 192.168.3.0 0.0.0.255 area 0

network 192.168.4.0 0.0.0.255 area 0

network 192.168.5.0 0.0.0.255 area 0

④ 查看 PIM-SM 的接口信息(以 Switch B 为例)。

Switch B♯show ip pim sparse-mode interface detail

GigabitEthernet 0/1(vif 1):

Address 192.168.2.2,DR 192.168.2.2

Hello period 30 seconds,Next Hello in 1 seconds

Triggered Hello period 5 seconds

Neighbors:

192.168.2.1

GigabitEthernet 0/5(vif 2):

Address 192.168.4.1,DR 192.168.4.2

Hello period 30 seconds,Next Hello in 10 seconds

Triggered Hello period 5 seconds

Neighbors:

192.168.4.2

Loopback 1(vif 3):

Address 10.1.1.1,DR 10.1.1.1

Hello period 30 seconds

Triggered Hello period 5 seconds

Neighbors:

通过以上信息可以查看各接口的 IP 地址,以及对应网段的 DR 和 PIM-SM 邻居地址。

⑤ 查看当前 RP 信息(以 Switch B 为例)。

Switch B♯show ip pim sparse-mode rp mapping

PIM Group-to-RP Mappings

Group(s):224.0.0.0/4,Static

RP:10.1.1.1,Static

Uptime:01:43:07

三、PIM-SM 配置实训(二)

1.实训目标

(1)组播路由设备之间基于 PIM-SM 实现组播数据转发:PIM-SM 域中指定一个 BSR,负责收集和分发域内的 RP 信息;指定多个候选 RP,分别服务于不同的组播组,分担网络流量。

(2)组播路由设备仅接收合法 BSR 发来的 BSM 报文。

(3)BSR 仅接收、处理合法候选 RP 的通告报文。

2. 实训环境

PIM-SM 配置实训（二）环境见图 7-4。

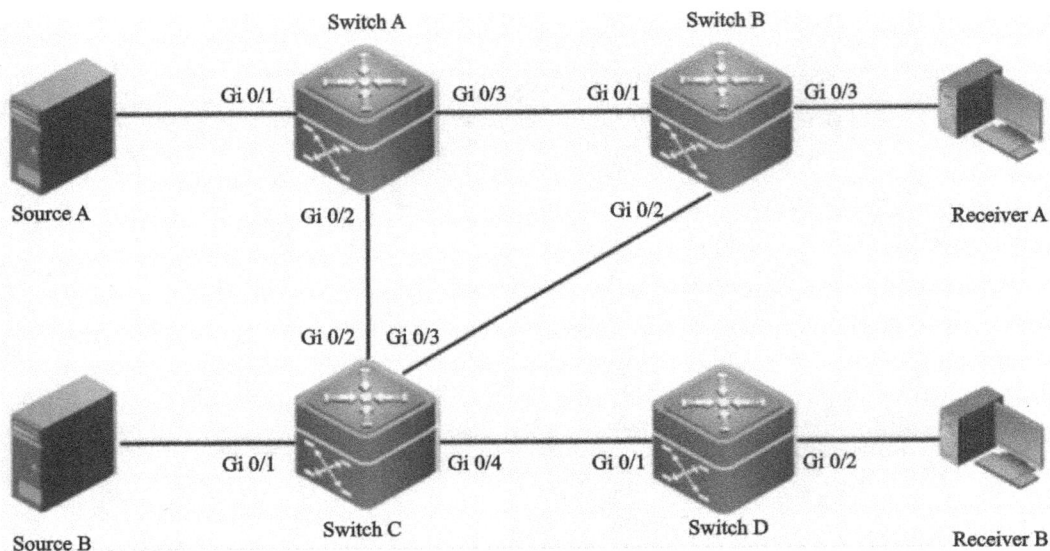

图 7-4　PIM-SM 配置实训（二）环境

四台三层设备通过路由口互联，组播源（Source A、Source B）和接收端（Receiver A、Receiver B）分布在不同的网段，见表 7-11。

表 7-11

设备	端口号	接口 IP 地址
Switch A	Gi 0/1	192.168.1.1/24
	Gi 0/2	192.168.2.1/24
	Gi 0/3	192.168.3.1/24
Switch B	Gi 0/1	192.168.3.2/24
	Gi 0/2	192.168.4.1/24
	Gi 0/3	192.168.5.1/24
	Loopback 1	10.1.1.1/24
	Loopback 2	10.1.2.1/24
Switch C	Gi 0/1	192.168.6.1/24
	Gi 0/2	192.168.2.2/24
	Gi 0/3	192.168.4.2/24
	Gi 0/4	192.168.7.1/24
	Loopback 1	10.1.3.1/24
Switch D	Gi 0/1	192.168.7.2/24
	Gi 0/2	192.168.8.1/24

3. 实训要点

（1）在所有组播路由设备上开启组播路由功能，并在互联的接口上开启 PIM-SM 组播路由协议。注意：开启 PIM-SM 时，IGMP 同时启动。

（2）指定一个接口（本例在 Switch B 上配置一个 Loopback 1）作为候选 BSR，另外两个接口（本例在 Switch B 上配置一个 Loopback 2、Switch C 上配置一个 Loopback 1）作为候选 RP，并配置各候选 RP 服务的组播组。

（3）在需要过滤 BSM 报文的组播路由设备上配置对合法 BSR 范围的限定（本例在 Switch C 上配置仅允许接收来自 Switch B 的 Loopback 1 发出的 BSM 报文）。

（4）在 BSR 设备上（本例为 Switch B）配置竞选 BSR 对合法的 C-RP 地址范围及其所服务的组播组范围进行限制。

4. 实训步骤

（1）在各设备的接口上配置 IP 地址。

① 配置 Switch A。

Switch A♯configure terminal

Enter configuration commands,one per line. End with CNTL/Z.

Switch A(config)♯interface GigabitEthernet 0/1

Switch A(config-if-GigabitEthernet 0/1)♯no switchport

Switch A(config-if-GigabitEthernet 0/1)♯ip address 192.168.1.1 255.255.255.0

Switch A(config-if-GigabitEthernet 0/1)♯exit

Switch A(config)♯interface GigabitEthernet 0/2

Switch A(config-if-GigabitEthernet 0/2)♯no switchport

Switch A(config-if-GigabitEthernet 0/2)♯ip address 192.168.2.1 255.255.255.0

Switch A(config-if-GigabitEthernet 0/2)♯exit

Switch A(config)♯interface GigabitEthernet 0/3

Switch A(config-if-GigabitEthernet 0/3)♯no switchport

Switch A(config-if-GigabitEthernet 0/3)♯ip address 192.168.3.1 255.255.255.0

Switch A(config-if-GigabitEthernet 0/3)♯exit

② 配置 Switch B、Switch C 和 Switch D 同上。

③ 在 Switch B 上，配置 Loopback 1 的 IP 地址为 10.1.1.1/24，Loopback 2 的 IP 地址为 10.1.2.1/24。

Switch B(config)♯interface Loopback 1

Switch B(config-if-Loopback 1)♯ip address 10.1.1.1 255.255.255.0

Switch B(config-if-Loopback 1)♯exit

Switch B(config)♯interface Loopback 2

Switch B(config-if-Loopback 2)♯ip address 10.1.2.1 255.255.255.0

Switch B(config-if-Loopback 2)♯exit

④ 在 Switch C 上，配置 Loopback 1 的 IP 地址为 10.1.3.1/24。

Switch C(config)♯interface Loopback 1

Switch C(config-Loopback 1)♯ip address 10.1.3.1 255.255.255.0

Switch C(config-Loopback 1)♯exit

将设备互联，并在设备上配置相应的 OSPF 协议。

配置 Switch A：

Switch A(config)♯route ospf 1

Switch A(config-router)♯network 192.168.1.0 0.0.0.255 area 0

Switch A(config-router)♯network 192.168.2.0 0.0.0.255 area 0

Switch A(config-router)♯network 192.168.3.0 0.0.0.255 area 0

Switch A(config-router)♯exit

配置 Switch B、Switch C 和 Switch D 同上。

(2)在各设备上开启组播路由功能，并在各接口上开启 PIM-SM 组播路由协议。

配置 Switch A：

Switch A(config)♯ip multicast-routing

Switch A(config)♯interface range GigabitEthernet 0/1-3

Switch A(config-if-range)♯ip pim sparse-mode

配置 Switch B、Switch C 和 Switch D 同上。注意，同样需要在 Loopback 接口上开启 PIM-SM 组播路由协议。

(3)配置候选 BSR 和候选 RP。

在 Switch B 上配置 Loopback 1 为候选 BSR。

Switch B(config)♯ip pim bsr-candidate loopback 1 24

在 Switch B 上创建标准 ACL，配置允许地址范围为 225.0.0.0/8～226.0.0.0/8。

Switch B(config)♯ip access-list standard 1

Switch B(config-std-nacl)♯permit 225.0.0.0 0.255.255.255

Switch B(config-std-nacl)♯permit 226.0.0.0 0.255.255.255

Switch B(config-std-nacl)♯exit

在 Switch B 上配置 Loopback 2 为候选 RP，并关联 ACL。

Switch B(config)♯ip pim rp-candidate loopback 2 group-list 1

在 Switch C 上创建标准 ACL，配置允许地址范围为 227.0.0.0/8～228.0.0.0/8。

Switch C(config)♯ip access-list standard 1

Switch C(config-std-nacl)♯permit 227.0.0.0 0.255.255.255

Switch C(config-std-nacl)♯permit 228.0.0.0 0.255.255.255

Switch C(config-std-nacl)♯exit

在 Switch C 上配置 Loopback 1 为候选 RP，并关联 ACL。

Switch C(config)♯ip pim rp-candidate loopback 1 group-list 1

(4)配置对合法 BSR 范围的限定。

在 Switch C 上创建标准 ACL，命名为"bsr_acl"，仅允许 IP 地址为 10.1.1.1 的报文通过。

Switch C(config)♯ip access-list standard bsr_acl

Switch C(config-std-nacl)♯permit host 10.1.1.1

Switch C(config-std-nacl)♯exit

在 Switch C 上配置对合法 BSR 范围的限定,关联 ACL"bsr_acl"。

Switch C(config)♯ip pim accept-bsr list bsr_acl

(5)配置竞选 BSR 对合法的 C-RP 地址范围及其所服务的组播组范围的限制。

在 Switch B 上创建扩展 ACL,命名为"rp_acl",仅允许 IP 地址为 10.1.3.1、组播地址范围为 227.0.0.0/8～228.0.0.0/8 的报文通过。

Switch B(config)♯ip access-list extended rp_acl

Switch B(config-ext-nacl)♯permit ip host 10.1.3.1 227.0.0.0 0.255.255.255

Switch B(config-ext-nacl)♯permit ip host 10.1.3.1 228.0.0.0 0.255.255.255

Switch B(config-ext-nacl)♯exit

在 Switch B 上配置竞选 BSR 对合法 C-RP 的限制。

Switch B(config)♯ip pim accept-crp list rp_acl

验证结果

(6)查看设备的配置信息。

① Switch A 的配置。

Switch A♯show running-config

!

ip multicast-routing

!

interface GigabitEthernet 0/1

no switchport

ip pim sparse-mode

no ip proxy-arp

ip address 192.168.1.1 255.255.255.0

!

interface GigabitEthernet 0/2

no switchport

ip pim sparse-mode

no ip proxy-arp

ip address 192.168.2.1 255.255.255.0

!

interface GigabitEthernet 0/3

no switchport

ip pim sparse-mode

no ip proxy-arp

ip address 192.168.3.1 255.255.255.0

!

router ospf 1

network 192.168.1.0 0.0.0.255 area 0

network 192.168.2.0 0.0.0.255 area 0

network 192.168.3.0 0.0.0.255 area 0

② Switch B 的配置。

Switch B#show running-config

!

ip pim accept-crp list rp_acl

ip pim bsr-candidate Loopback 1 24

ip pim rp-candidate Loopback 2 group-list 1

!

ip multicast-routing

!

ip access-list standard 1

10 permit 225.0.0.0 0.255.255.255

20 permit 226.0.0.0 0.255.255.255

!

ip access-list extended rp_acl

10 permit ip host 10.1.3.1 227.0.0.0 0.255.255.255

20 permit ip host 10.1.3.1 228.0.0.0 0.255.255.255

!

interface GigabitEthernet 0/1

no switchport

ip pim sparse-mode

no ip proxy-arp

ip address 192.168.3.2 255.255.255.0

!

interface GigabitEthernet 0/2

no switchport

ip pim sparse-mode

no ip proxy-arp

ip address 192.168.4.1 255.255.255.0

!

interface GigabitEthernet 0/3

no switchport

ip pim sparse-mode

no ip proxy-arp

ip address 192.168.5.1 255.255.255.0

!

interface Loopback 1

ip pim sparse-mode

```
ip address 10. 1. 1. 1 255. 255. 255. 0
!
interface Loopback 2
ip pim sparse-mode
ip address 10. 1. 2. 1 255. 255. 255. 0
!
router ospf 1
network 10. 1. 1. 0 0. 0. 0. 255 area 0
network 10. 1. 2. 0 0. 0. 0. 255 area 0
network 192. 168. 3. 0 0. 0. 0. 255 area 0
network 192. 168. 4. 0 0. 0. 0. 255 area 0
network 192. 168. 5. 0 0. 0. 0. 255 area 0
```

③ Switch C 的配置。

```
Switch C#show running-config
!
ip pim accept-bsr list bsr_acl
ip pim rp-candidate Loopback 1 group-list 1
!
ip multicast-routing
!
ip access-list standard 1
10 permit 227. 0. 0. 0 0. 255. 255. 255
20 permit 228. 0. 0. 0 0. 255. 255. 255
!
ip access-list standard bsr_acl
10 permit host 10. 1. 1. 1
!
interface GigabitEthernet 0/1
no switchport
ip pim sparse-mode
no ip proxy-arp
ip address 192. 168. 6. 1 255. 255. 255. 0
!
interface GigabitEthernet 0/2
no switchport
ip pim sparse-mode
no ip proxy-arp
ip address 192. 168. 2. 2 255. 255. 255. 0
!
```

```
interface GigabitEthernet 0/3
no switchport
ip pim sparse-mode
no ip proxy-arp
ip address 192.168.4.2 255.255.255.0
!
interface GigabitEthernet 0/4
no switchport
ip pim sparse-mode
no ip proxy-arp
ip address 192.168.7.1 255.255.255.0
!
interface Loopback 1
ip pim sparse-mode
ip address 10.1.3.1 255.255.255.0
!
router ospf 1
network 10.1.3.0 0.0.0.255 area 0
network 192.168.2.0 0.0.0.255 area 0
network 192.168.4.0 0.0.0.255 area 0
network 192.168.6.0 0.0.0.255 area 0
network 192.168.7.0 0.0.0.255 area 0
```
④ Switch D 的配置。
```
Switch D♯show running-config
!
ip multicast-routing
!
interface GigabitEthernet 0/2
no switchport
ip pim sparse-mode
no ip proxy-arp
ip address 192.168.8.1 255.255.255.0
!
interface GigabitEthernet 0/11
no switchport
ip pim sparse-mode
no ip proxy-arp
ip address 192.168.7.2 255.255.255.0
!
```

router ospf 1

network 192.168.7.0 0.0.0.255 area 0

network 192.168.8.0 0.0.0.255 area 0

⑤ 在设备上查看 PIM-SM 域内的 RP 及对应的服务组播信息(以 Switch A 为例)。

Switch A♯show ip pim sparse-mode rp mapping

PIM Group-to-RP Mappings

Group(s):225.0.0.0/8

RP:10.1.2.1

Info source:10.1.1.1,via bootstrap,priority 192

Uptime:01:15:16,expires:00:02:00

Group(s):226.0.0.0/8

RP:10.1.2.1

Info source:10.1.1.1,via bootstrap,priority 192

Uptime:01:15:16,expires:00:02:00

Group(s):227.0.0.0/8

RP:10.1.3.1

Info source:10.1.1.1,via bootstrap,priority 192

Uptime:01:13:30,expires:00:02:00

Group(s):228.0.0.0/8

RP:10.1.3.1

Info source:10.1.1.1,via bootstrap,priority 192

Uptime:01:13:30,expires:00:02:00

通过以上配置限制各候选 RP 服务的组播地址范围,可以限制 PIM-SM 域内的组播源,在组播源发送地址非指定服务范围内的组播数据(如上例中 225.0.0.0/8~228.0.0.0/8),接收端也无法接收。

另外,如果向网络中发送不合法 BSM(源地址非 10.1.1.1),在配置了合法 BSR 限制的设备上将直接丢弃此 BSM;如果向 BSR 发送不合法的 C-RP 通告信息,在配置了合法 C-RP 的限制后,BSR 将过滤不合法的 C-RP 通告。

任务拓展

1. 实训目标

(1)S5750E-1、S5750E-2、S5760-3 是三台核心设备,他们之间使用三层口互联,并且运行 OSPF,进程 110,均属于区域 0。

(2)用户 PC 的网关在 S5750E-1 上,组播服务器直连 S5750E-2,它们分别重发分进 OSPF 进程。

(3)在 S5750E-1、S5750E-2、S5760-3 交换机上要开启三层组播路由协议 PIM-DM。

（4）在 SS2628G-E 交换机上开启二层组播路由协议 IVGL。

（5）S26E 下联的 PC 能够点播组播服务器里面的视频。

（6）对组播网络进行网络优化，避免流量拥塞和组播欺骗。

2. 实训环境

任务拓展实训环境见图 7-5。

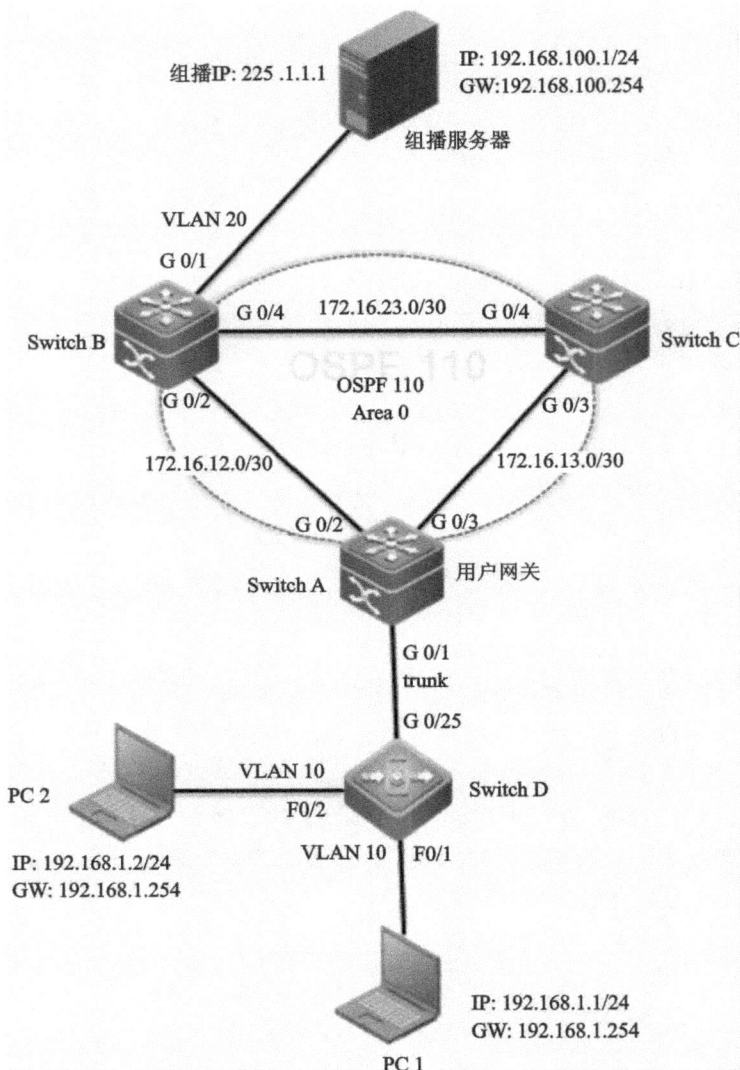

图 7-5　任务拓展实训环境

3. 实训要点

（1）在三台核心交换机上配置 IP 及开启 OSPF 路由协议，确认服务器和交换机之间能够互相 ping 通。

（2）在三台核心交换机开启组播路由功能 PIM-DM。

（3）在接入交换机上配置 IGMP Snooping 功能，使用 IVGL 模式。

任务八
防 DHCP 和 ARP 欺骗

◈ **知识目标**

❏ 了解 DHCP 协议和 ARP 的技术原理,熟悉 DHCP 和 ARP 欺骗的方法。

❏ 掌握防 DHCP 和 ARP 欺骗的配置方法。

◈ **能力目标**

❀ 熟练掌握防 DHCP 和 ARP 欺骗的相关配置命令。

❀ 学会运用防 DHCP 和 ARP 欺骗的配置技术,以保证网络的安全。

◈ **任务描述**

某企业网络使用 DHCP 分配 IP 地址等网络参数,最近发现一些主机不能访问网络资源,经故障排查,发现这些主机自动获得的 IP 地址参数是错误的,可能遭遇 DHCP 攻击。同时,发现一些客户端不能访问 Internet 资源,经排查,发现客户端获得的网关 IP 地址参数是错误的,分析结果,可能遭遇 ARP 攻击。作为网络管理员,应该采取哪些技术手段,防止客户端、主机受到攻击,保证网络正常运行呢?

一、DHCP Snooping

（一）DHCP 概述

DHCP(Dynamic Host Configuration Protocol,动态主机配置协议)被广泛用来动态分配可重用的网络资源,如 IP 地址。一个典型的 DHCP 获取 IP 地址的过程如图 8-1 所示。

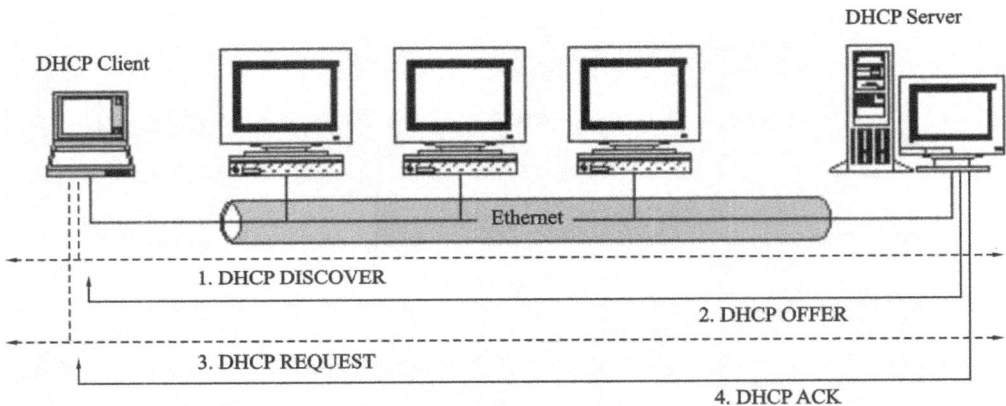

图 8-1　DHCP 获取 IP 地址的过程

（1）DHCP Client 发出 DHCP DISCOVER 广播报文给 DHCP Server,若 Client 在一定时间内没有收到服务器的响应,则重发 DHCP DISCOVER 报文。

（2）DHCP Server 收到 DHCP DISCOVER 报文后,根据一定的策略来给 Client 分配 IP 地址,然后发出 DHCP OFFER 报文。

（3）DHCP Client 收到 DHCP OFFER 报文后,发出 DHCP REQUEST 请求,请求租用服务器地址池中的 IP 地址,并通告其他服务器已接收此服务器分配的 IP 地址。

（4）服务器收到 DHCP REQUEST 报文,验证资源是否可以分配,如果可以分配,则发送 DHCP ACK 报文;如果不可分配,则发送 DHCP NAK 报文。DHCP Client 收到 DHCP ACK 报文,就开始使用服务器分配的 IP 地址;如果收到 DHCP NAK 报文,则重新发送 DHCP DISCOVER 报文。

（二）DHCP Snooping 概述

DHCP Snooping,意为 DHCP 窥探。通过对 Client 和服务器之间的 DHCP 交互报文进行窥探,实现对用户 IP 地址使用情况的监控,同时 DHCP Snooping 起到一个过滤 DHCP 报文的作用,通过合理的配置实现对非法的 DHCP 服务的过滤。下面对使用 DHCP Snooping

时涉及的一些术语及功能进行解释。

1. DHCP 请求报文

DHCP 请求报文是 DHCP Client 发往 DHCP Server 的报文。

2. DHCP 应答报文

DHCP 应答报文 DHCP Server 发往 DHCP Client 的报文。

3. DHCP Snooping TRUST 口

由于 DHCP 获取 IP 的交互报文是使用广播的形式,从而会有非法的 DHCP 服务影响用户正常 IP 的获取,更有甚者通过非法的 DHCP 服务欺骗并窃取用户信息的现象。为了防止非法的 DHCP 服务的问题,DHCP Snooping 把端口分为两种类型,即 TRUST 口和 UN-TRUST 口,设备只转发 TRUST 口收到的 DHCP 应答报文,而丢弃所有来自 UNTRUST 口的 DHCP 应答报文。因此,只要把合法的 DHCP Server 连接的端口设置为 TRUST 口,其他端口设置为 UNTRUST 口,就可以实现对非法 DHCP Server 的屏蔽。

4. DHCP Snooping 报文过滤

在对个别用户禁用 DHCP 报文的情况下,需要评估用户设备发出的任何 DHCP 报文,那么可以在端口模式下配置 DHCP 报文过滤功能,过滤掉该端口收到的所有 DHCP 报文。

5. 基于 VLAN 的 DHCP Snooping

DHCP Snooping 功能生效是以 VLAN 为单位的,默认情况下打开 DHCP Snooping 功能,会在当前设备上的所有 VLAN 上使用 DHCP Snooping 功能,可以通过配置 DHCP Snooping 灵活地控制生效的 VLAN。

6. DHCP Snooping 绑定数据库

在 DHCP 环境的网络里经常会出现用户随意设置静态 IP 地址的问题,用户随意设置的 IP 地址不但使网络难以维护,而且会导致一些合法使用 DHCP 获取 IP 的用户因为冲突而无法正常使用网络,DHCP Snooping 通过窥探 Client 和 Server 之间交互的报文,把用户获取到的 IP 信息以及用户 MAC、VID、PORT、租约时间等信息组成用户记录表项,从而形成 DHCP Snooping 的用户数据库,配合 ARP 检测功能或 ARP CHECK 功能的使用,进而达到控制用户合法使用 IP 地址的目的。

7. DHCP Snooping 速率限制

DHCP Snooping 需要对所有非信任端的 DHCP 请求报文进行检查,同时将合法的 DHCP 请求报文转发到 TRUST 口所在的网络。为了防止在 UNTRUST 口出现 DHCP 请求报文攻击,应控制流向信任网络的 DHCP 请求报文速率。DHCP Snooping 支持在端口对收到的 DHCP 报文进行速率限制,当端口收到的 DHCP 报文速率超过设定的限制时,将丢弃超过限制速率的那部分 DHCP 报文。DHCP Snooping 的速率限制基于端口配置,可以选择通过 DHCP Snooping 的速率限制命令配置,也可以选择通过 NFPP 的速率限制命令配置,效果是一样的。对于支持 CPP 的产品来说,如果同时配置了 CPP 的 DHCP 报文速率限制和 DHCP Snooping 的报文速率限制,CPP 的配置将优先于 DHCP Snooping 的速率限制生效。因此,为了确保 DHCP Snooping 速率限制生效,需要保证 CPP 的速率上限不小于 DHCP Snooping 的限制或者 NFPP 的限制。

DHCP Snooping 通过对经过设备的 DHCP 报文进行合法性检查,丢弃不合法的 DHCP 报文,记录用户信息并生成 DHCP Snooping 绑定数据库供其他功能(如 ARP 检测功能)查询使用。以下几种类型的报文被认为是非法的 DHCP 报文:

(1)UNTRUST 口收到的 DHCP 应答报文,包括 DHCP ACK、DHCP NACK、DHCP OFFER 等。

(2)UNTRUST 口收到的带有网关信息[giaddr]的 DHCP Request 报文。

(3)打开 MAC 校验时,源 MAC 与 DHCP 报文携带的 chaddr 字段值为不同的报文。

(4)DHCP RELEASE 报文中的用户在 DHCP Snooping 绑定数据库中存在,但是若 DHCP RELEASE 报文的接收端口和保存在 DHCP Snooping 绑定数据库中的端口不一致,那么这个 DHCP RELEASE 报文是非法的。

(三)DHCP Snooping Information Option 概述

部分网络管理员在对当前的用户进行 IP 管理时,希望能够根据用户所处的位置来给用户分配 IP,即希望能够根据用户所连接的网络设备的信息进行用户的 IP 分配,从而使交换机在进行 DHCP Snooping 的同时把一些用户相关的设备信息以 DHCP Option 的方式加入 DHCP 请求报文中,根据 RFC 3046,所使用的 Option 选项号为 82。Option 82 选项最多可以包含 255 个子选项。若定义了 Option 82,则至少要定义一个子选项。目前设备只支持 Circuit ID(电路 ID 子选项)和 Remote ID(远程 ID 子选项)两个子选项。在 DHCP Server 配置对 Option 82 内容的解析时,这个服务器就可以通过 Option 82 上传的内容,获取到更多用户的信息,从而更准确地给用户分配 IP。

1.Circuit ID

Circuit ID 的默认填充内容是接收到 DHCP 客户端请求报文的端口所属 VLAN 的编号以及端口索引,扩展填充内容是自定义的字符串。

Circuit ID 填充格式有两种:一种是标准填充格式,另一种是扩展填充格式。在同一个网络域中,只能使用其中的一种,不能混合使用。使用标准填充格式时,Circuit ID 子选项只能填充默认的填充内容,如图 8-2 所示。

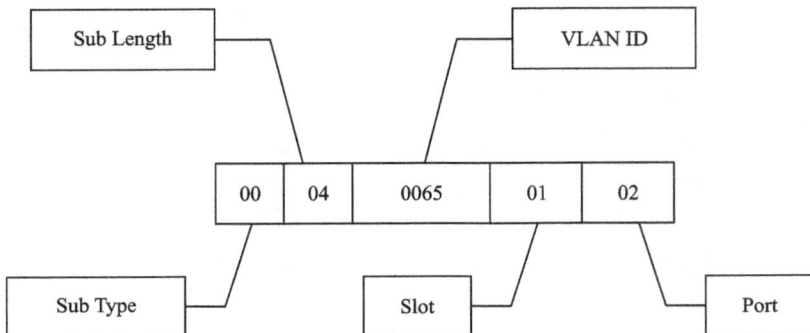

图 8-2　Circuit ID 标准填充格式

如果需要使用自定义的填充内容,那么可以使用扩展填充格式。扩展填充格式的填充内容可以是默认的填充内容,也可以是扩展填充内容。为了区分填充内容的不同,可在子选项长度后增加一个字节的内容类型字段和一个字节的内容长度字段。如果是默认的填充内容,则设置内容类型为 0;如果是扩展填充内容,则设置内容类型为 1。

默认填充内容的格式如图 8-3 所示。

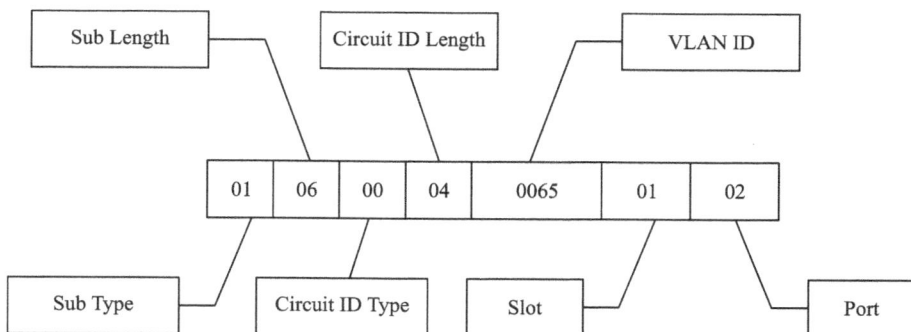

图 8-3 默认填充内容的格式

扩展填充内容的格式如图 8-4 所示。

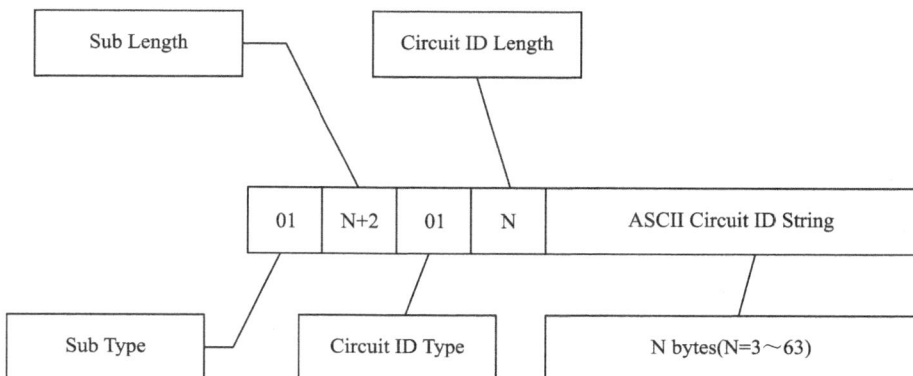

图 8-4 扩展填充内容的格式

2. Remote ID

Remote ID 的默认填充内容是接收到 DHCP 客户端请求报文的 DHCP 中继设备的桥 MAC 地址。扩展填充内容是自定义的字符串。Remote ID 填充格式有两种:一种是标准填充格式,另一种是扩展填充格式。在同一个网络域中,只能使用其中的一种,不能混合使用。使用标准填充格式时,Remote ID 子选项只能填充默认的填充内容,如图 8-5 所示。

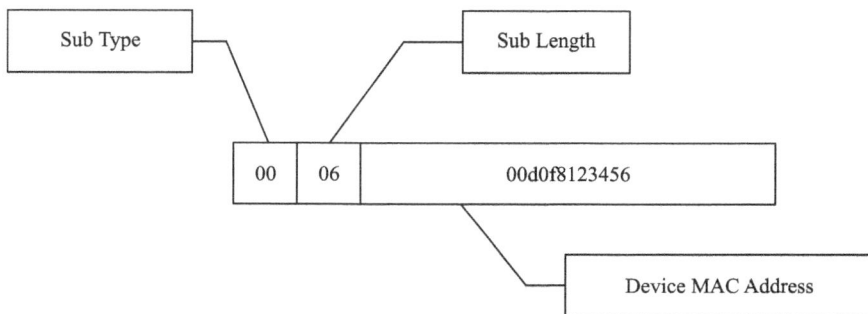

图 8-5 Remote ID 标准填充格式

如果需要使用自定义的填充内容,那么可以使用扩展填充格式。扩展填充格式的填充内容可以是默认填充内容,也可以是扩展填充内容。为了区分填充内容的不同,在子选项长度后增加一个字节的内容类型字段和一个字节的内容长度字段,如果是默认填充内容,则设置内容类型为 0;如果是扩展填充内容,则设置内容类型为 1。

默认填充内容的格式如图 8-6 所示。

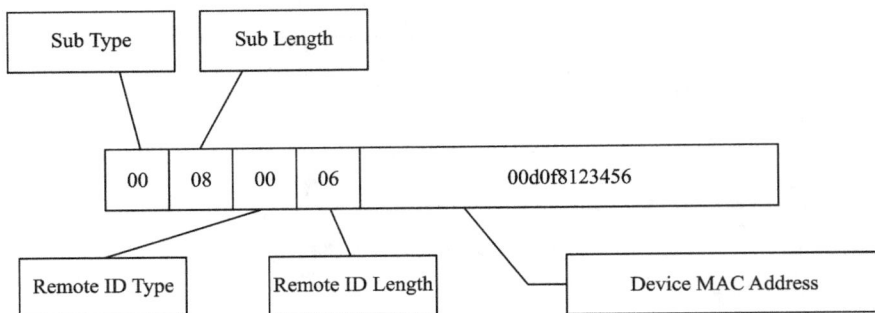

图 8-6　默认填充内容的格式

扩展填充内容的格式如图 8-7 所示。

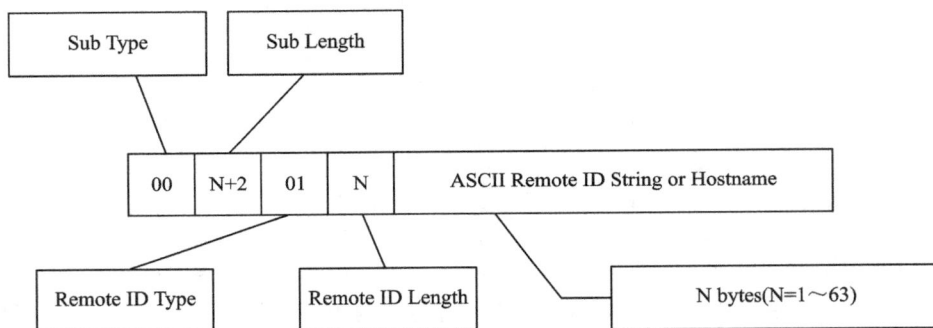

图 8-7　扩展填充内容的格式

Circuit ID 中端口索引的取值为端口所在槽号和端口号。其中端口号是指端口在槽上的序号,AP 口(聚合口)的端口号就是 AP 号。例如,Fa0/10 的端口号就是 10,AP 11 的端口号就是 11。其中槽号是设备(堆叠认为是一台设备)上所有槽排序的序号,AP 口的槽号在最后。槽排序的序号从 0 开始,可用 show slots 命令查看。

例 1:

Switch♯show slots(只列出 Dev、slot 示例)

Dev	Slot	
1	0	//槽号为 0
1	1	//槽号为 1
1	2	//槽号为 2

此时 AP 口的槽号为 3。

例 2：

Switch♯ show slots（只列出 Dev、slot 示例）

Dev	Slot	
---	----	
1	0	//槽号为 0
1	1	//槽号为 1
1	2	//槽号为 2
2	0	//槽号为 3
2	1	//槽号为 4
2	2	//槽号为 5

此时 AP 口的槽号为 6。

二、DHCP Snooping 的相关安全功能

在 DHCP 的网络环境中，管理员经常碰到的一个问题就是一些用户随意使用静态的 IP 地址，而不去使用动态获取的 IP 地址。这会导致一些使用动态获取 IP 的用户无法正常使用网络，并且会使网络环境变得复杂。因为 DHCP 动态绑定是设备在 DHCP Snooping 的过程记录合法用户的 IP 信息，所以对 DHCP 动态绑定进行相关的安全处理，可以解决用户随意使用静态 IP 地址的问题。当前的安全控制存在三种方式：第一种是结合 IP Source Guard 功能对合法用户进行地址绑定；第二种是使用软件的 DAI（动态 ARP 检测），通过对 ARP 的控制进行用户的合法性校验；第三种是结合 ARP CHECK 的功能，来对合法用户的 ARP 报文进行绑定。

（一）DHCP Snooping 和 IP Source Guard 地址绑定的关系

IP Source Guard 功能是维护一个 IP 源地址数据库，通过将数据库中的用户信息（VLAN、MAC、IP、PORT）设置为硬件过滤表项，只允许对应的用户使用网络。

DHCP Snooping 功能是维护一个用户 IP 的数据库，并将该数据提供给 IP Source Guard 功能进行过滤，从而限制只有通过 DHCP 获取 IP 的用户才能够使用网络，这样就阻止了用户随意设置静态 IP。

（二）DHCP Snooping 和 DAI 的关系

DAI（Dynamic ARP Inspection，动态 ARP 检测）就是对经过设备的所有 ARP 报文进行检查。由于 DHCP 绑定过滤只针对 IP 报文，不能进行 ARP 报文的过滤，因此为了增加安全性，防止 ARP 欺骗等问题，对于 DHCP 绑定的用户可对其进行 ARP 合法性检查，DHCP Snooping 提供数据库信息给 ARP 探测使用。在开启 DAI 功能的设备上，当开启 IP Source Guard 地址绑定的端口收到 ARP 报文时，DAI 模块就根据报文查询 DHCP Snooping 的绑定数据库，只有当收到的 ARP 报文数据字段的源 MAC、源 IP 和端口信息都匹配时才认为收到的 ARP 报文是合法的，才能进行相关的学习和转发操作，否则丢弃该报文。

（三）DHCP Snooping 和 ARP CHECK 的关系

ARP CHECK 是对经过设备的所有 ARP 报文进行检查，DHCP Snooping 提供数据库信息供 ARP CHECK 使用，在开启 ARP CHECK 功能的设备上，当收到 ARP 报文时，ARP

CHECK 模块就根据报文查询 DHCP Snooping 的绑定数据库，只有当开启 IP Source Guard 地址绑定的端口收到的 ARP 报文数据字段的源 MAC、源 IP 和端口信息都匹配时才认为收到的 ARP 报文是合法的，才能进行相关的学习和转发操作，否则丢弃该报文。

三、配置 DHCP Snooping 的其他注意事项

DHCP Snooping 功能与 DOT1x 的 DHCP Option 82 功能是互斥的，不能同时使用 DHCP Snooping 和 DHCP Option 82。

DHCP Snooping 功能和 DAI 功能或 ARP CHECK 功能共用，可以控制用户必须使用 DHCP 分配的 IP 上网。

四、DHCP Snooping 配置

（一）配置打开和关闭 DHCP Snooping 功能

缺省情况下，设备的 DHCP Snooping 功能是关闭的，当配置 ip dhcp snooping 命令后，设备就打开了 DHCP Snooping 功能（表 8-1）。

表 8-1

命令	作用
Switch# configure terminal	进入配置模式
Switch(config)# [no] ip dhcp snooping	打开和关闭 DHCP Snooping

配置打开设备 DHCP Snooping 功能：

Switch# configure terminal

Switch(config)# ip dhcp snooping

Switch(config)# end

Switch# show ip dhcp snooping

Switch DHCP Snooping status:ENABLE

DHCP Snooping Verification of hwaddr status:DISABLE

DHCP Snooping database write-delay time:0 seconds

DHCP Snooping option 82 status:DISABLE

DHCP Snooping Support bootp bind status:DISABLE

Interface Trusted Rate limit(pps)

----------------- --------- ---------------

GigabitEthernet 0/1   YES unlimited

（二）配置端口的 DHCP 请求报文过滤功能

缺省情况下，设备端口的 DHCP 请求报文过滤功能是关闭的。当不想对某个端口下的用户提供 DHCP 服务时，可配置此功能（执行表 8-2 命令），配置后，就会对这个端口上来的 DHCP 请求报文进行过滤。

表 8-2

命令	作用
Switch# configure terminal	进入配置模式
Switch(config)# interface interface	进入端口配置模式
Switch(config-if)# [no] ip dhcp snooping suppression	配置端口 DHCP 报文过滤功能

配置打开设备端口的 DHCP 请求报文过滤功能：

Switch# configure terminal

Switch(config)# interface GigabitEthernet 0/1

Switch(config-if)# ip dhcp snooping suppression

（三）配置 DHCP Snooping 功能生效的 VLAN

缺省情况下，DHCP Snooping 功能对所有 VLAN 生效。如果要配置 DHCP Snooping 在某个 VLAN 上失效，需要将该 VLAN 从 DHCP Snooping 功能生效的 VLAN 范围中去除，可以执行表 8-3 命令。

表 8-3

命令	作用
Switch# configure terminal	进入配置模式
Switch(config)# [no] ip dhcp snooping vlan {vlan-rng|{vlan-min [vlan-max]}}	配置 DHCP Snooping 功能生效的 VLAN

配置 DHCP Snooping 功能在 VLAN 1000 上生效：

Switch# configure terminal

Switch(config)# ip dhcp snooping vlan 1000

Switch(config)# end

打开 DHCP Snooping 功能，默认情况下会在设备上的所有 VLAN 上打开 DHCP Snooping 功能，如果需要基于 VLAN 打开/关闭 DHCP Snooping 功能，只需要在 DHCP Snooping 功能生效范围中添加/删除该 VLAN。

（四）配置 DHCP 源 MAC 检查功能

配置 DHCP 源 MAC 检查功能，可以按照表 8-4 命令执行，配置此命令后，设备就会对从 UNTRUST 口送上来的 DHCP REQUEST 报文进行源 MAC 和 Client 字段的 MAC 地址校验检查，丢弃 MAC 值不相同的不合法的 DHCP 请求报文。缺省状态下不检查。

表 8-4

命令	作用
Switch# configure terminal	进入配置模式
Switch(config)# [no] ip dhcp snooping verify mac-address	打开/关闭 DHCP 源 MAC 检查功能

打开 DHCP 源 MAC 检查功能：

Switch♯ configure terminal

Switch(config)♯ ip dhcp snooping verify mac-address

Switch(config)♯ end

Switch♯ show ip dhcp snooping

Switch DHCP Snooping status：ENABLE

DHCP Snooping Verification of hwaddr status：ENABLE

DHCP Snooping database write-delay time：0 seconds

DHCP Snooping option 82 status：DISABLE

DHCP Snooping Support bootp bind status：DISABLE

Interface	Trusted	Rate limit(pps)
GigabitEthernet 0/1	YES	unlimited

（五）配置静态 DHCP Snooping Information Option

配置静态 DHCP Snooping Information Option，可以按照表 8-5 命令执行，通过配置，在进行 DHCP Snooping 转发时，给每个 DHCP 请求添加 option 82 选项。缺省情况下该功能是关闭的。

表 8-5

命令	作用
Switch♯ configure terminal	进入配置模式
Switch(config)♯ [no] ip dhcp snooping Information option [standard-format]	配置静态 DHCP Snooping Information Option。有 Standard-format 关键字时，填充的格式为标准格式，否则为扩展格式
Switch(config)♯ [no] ip dhcp snooping information option format remote-id [string ASCII-string|hostname]	在扩展格式下配置 Remote-id String：填充内容为自定义字符串；Hostname：填充内容为主机名
Switch(config)♯ interface interface	进入端口配置模式
Switch(config-if)♯ [no] ip dhcp snooping vlan vlan-id information option format-type circuit-id string ASCII-string	在扩展格式下配置 Circuit-id 的自定义字符串
Switch(config-if)♯ [no] ip dhcp snooping vlan vlan-id information option change-vlan-to vlan vlan-id	在扩展格式下配置 Circuit-id 的 VLAN 映射，和上一步的命令互斥

配置打开 DHCP Information Option 功能：

Switch♯ configure terminal

Switch(config)# ip dhcp snooping information option

Switch(config)# end

Switch# show ip dhcp snooping

Switch DHCP Snooping status:ENABLE

DHCP Snooping Verification of hwaddr status:ENABLE

DHCP Snooping database write-delay time:0 seconds

DHCP Snooping option 82 status:ENABLE

DHCP Snooping Support bootp bind status:DISABLE

Interface	Trusted	Rate limit(pps)
GigabitEthernet 0/1	YES	unlimited

(六)配置定时将 DHCP Snooping 数据库信息写入 Flash

为了防止设备断电重启,设备上的 DHCP 用户信息丢失,而导致设备重启后,重启前已成功获取 IP 地址的用户不能通信,DHCP Snooping 提供可配置的定时把 DHCP Snooping 数据库信息写入 Flash 的命令来保存 DHCP 用户信息,见表8-6。默认情况下,定时为0,即不定时写 Flash。

表 8-6

命令	作用
Switch# configure terminal	进入配置模式
Switch(config)# [no] ip dhcp snooping database write-delay [time]	配置 DHCP 延迟写入 Flash 的时间。time:600～86400s,缺省为0

配置 DHCP Snooping 延迟写 Flash 的时间为3600s:

Switch# configure terminal

Switch(config)# ip dhcp snooping database write-delay 3600

Switch(config)# end

Switch# show ip dhcp snooping

Switch DHCP Snooping status:ENABLE

DHCP Snooping Verification of hwaddr status:ENABLE

DHCP Snooping database write-delay time:3600 seconds

DHCP Snooping option 82 status:ENABLE

DHCP Snooping Support bootp bind status:DISABLE

Interface	Trusted	Rate limit(pps)
GigabitEthernet 0/1	YES	unlimited

由于不停地擦写 Flash 会造成 Flash 的使用寿命缩短,因此在配置延迟写入 Flash 时间时需要注意,设置时间较短有利于设备信息更有效地保存,设置时间较长能够减少写入 Flash 的次数,延长 Flash 的使用寿命。

（七）手动把 DHCP Snooping 数据库信息写入 Flash

为了防止设备断电重启导致设备上的 DHCP 用户信息丢失而使用户不能上网，除了配置定时把 DHCP Snooping 数据库信息写入 Flash 外，也可以根据需要手动地把当前的 DHCP Snooping 数据库信息写入 Flash，见表 8-7。

表 8-7

命令	作用
Switch# configure terminal	进入配置模式
Switch(config)# ip dhcp snooping data-base write-to-flash	手动把 DHCP Snooping 数据库信息写入 Flash

手动把 DHCP Snooping 数据库信息写入 Flash：

Switch# configure terminal

Switch(config)# ip dhcp snooping database write-to-flash

Switch(config)# end

（八）手动把 Flash 中的信息导入 DHCP Snooping 数据库

在开启 DHCP Snooping 功能时，可以根据需要，手动把当前 Flash 中的信息导入 DHCP Snooping 绑定数据库，见表 8-8。

表 8-8

命令	作用
Switch# renew ip dhcp snooping database	手动把 Flash 中的信息导入 DHCP Snooping 数据库

手动把 Flash 中信息导入 DHCP Snooping 数据库：

Switch# renew ip dhcp snooping database

（九）配置端口为 TRUST 口

用户通过配置表 8-9 命令来设置一个端口为 TRUST 口。默认情况下所有端口全部为 UNTRUST 口。

表 8-9

命令	作用
Switch# configure terminal	进入配置模式
Switch(config)# interface interface	进入端口配置模式
Switch(config-if)# [no] ip dhcp snooping trust	将端口配置为 TRUST 口

配置设备的 1 端口为 TRUST 口：

Switch# configure terminal

Switch(config)# interface GigabitEthernet 0/1

Switch(config-if)# ip dhcp snooping trust

Switch(config-if)# end

Switch♯ show ip dhcp snooping

Switch DHCP Snooping status:ENABLE

DHCP Snooping Verification of hwaddr status:DISABLE

DHCP Snooping database write-delay time:3600 seconds

DHCP Snooping option 82 status:DISABLE

DHCP Snooping Support bootp bind status:DISABLE

Interface	Trusted	Rate limit(pps)
GigabitEthernet 0/1	YES	unlimited

打开 DHCP Snooping 功能后,只有配置为 TRUST 口连接的服务器发出的 DHCP 响应报文才能被转发。

(十)配置端口接收 DHCP 报文的速率

用户通过配置表 8-10 命令可以设置端口接收 DHCP 报文的速率。

表 8-10

命令	作用
Switch♯ configure terminal	进入配置模式
Switch(config)♯ interface interface	进入端口配置模式
Switch(config-if)♯ [no] ip dhcp snooping limit rate rate-pps	配置端口接收 DHCP 报文的速率,会转化成 NFPP 的命令 nfpp dhcp-guard policy per-port rate -pps 200

配置设备的 1 端口接收 DHCP 报文的速率为 100:

Switch♯ configure terminal

Switch(config)♯ interface GigabitEthernet 0/1

Switch(config-if)♯ ip dhcp snooping limit rate 100

Switch(config-if)♯ end

Switch(config-if)♯ sh run interface GigabitEthernet 0/1

interface GigabitEthernet 0/1

nfpp dhcp-guard policy per-port 100 200

(十一)清空 DHCP Snooping 数据库的信息

如果 DHCP Snooping 的数据库需要重新生成,可执行表 8-11 命令清空当前的 DHCP Snooping 数据库的信息。

表 8-11

命令	作用
Switch♯ clear ip dhcp snooping binding [vlan vlan-id |mac|ip|interface interface-id]	清空当前数据库的信息,可基于 VLAN、MAC、IP、接口删除,并可组合使用

手动清空当前数据库的信息：

Switch# clear ip dhcp snooping binding

五、DHCP Snooping 配置显示

（一）显示 DHCP Snooping

可以通过表 8-12 命令显示 IP DHCP Snooping 内容。

表 8-12

命令	作用
show ip dhcp snooping	显示 DHCP Snooping 的相关配置信息

显示 DHCP Snooping：

Switch# show ip dhcp snooping

Switch DHCP Snooping status：ENABLE

DHCP Snooping Verification of hwaddr status：ENABLE

DHCP Snooping database write-delay time：3600 seconds

DHCP Snooping option 82 status：ENABLE

DHCP Snooping Support bootp bind status：ENABLE

Interface	Trusted	Rate limit(pps)
GigabitEthernet 0/1	YES	unlimited

（二）显示 DHCP Snooping 数据库信息

可以通过表 8-13 命令显示 DHCP Snooping 数据库信息的相关内容。

表 8-13

命令	作用
show ip dhcp snooping binding	查看 DHCP Snooping 绑定数据库的用户信息

显示 DHCP Snooping 数据库信息：

Switch# show ip dhcp snooping binding

Total number of bindings：1

MacAddress	IpAddress	Lease(sec) Type	VLAN Interface
001b.241e.6775	192.168.12.9	7200	dhcp-snooping 1 GigabitEthernet 0/5

六、DAI 概述

DAI 对接收到的 ARP 报文进行合法性检查。不合法的 ARP 报文会被丢弃。

（一）ARP 欺骗攻击

由于 ARP 协议本身的缺陷，ARP 协议不对收到的 ARP 报文进行合法性检查。这就造

成了攻击者利用协议的漏洞轻易地进行 ARP 欺骗攻击。这其中,最典型的就是中间人攻击。中间人攻击模式如图 8-8 所示。

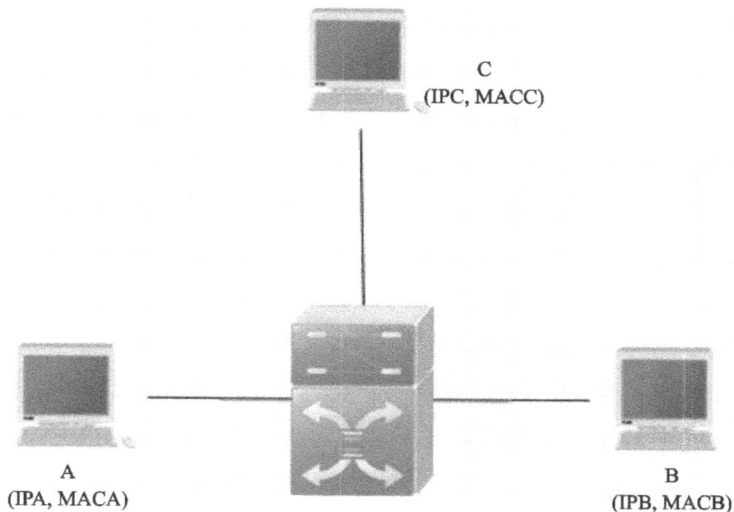

图 8-8 中间人攻击模式

如图 8-8 所示,设备 A、设备 B、设备 C 均连接在同一设备上,并且它们位于同一个子网。它们的 IP 和 MAC 分别表示为(IPA,MACA)、(IPB,MACB)、(IPC,MACC)。当设备 A 需要和设备 B 进行网络层通信时,设备 A 将会在子网内广播一个 ARP 请求,询问设备 B 的 MAC 值。当设备 B 接收到此 ARP 请求报文时,会更新自己的 ARP 缓存,使用的是 IPA 和 MACA,并发出 ARP 应答。设备 A 收到此应答后,会更新自己的 ARP 缓存,使用的是 IPB 和 MACB。

在这种模式下,设备 C 可以使设备 A 和设备 B 中的对应 ARP 表项对应关系不正确。使用的策略是,不断向网络中广播 ARP 应答。此应答使用的 IP 地址是 IPA 和 IPB,而 MAC 地址是 MACC,这样,设备 A 中就会存在 ARP 表项(IPB、MACC),设备 B 中就会存在 ARP 表项(IPA,MACC)。这样,设备 A 和 设备 B 之间的通信就变成了和设备 C 之间的通信,而设备 A、设备 B 对此都一无所知。设备 C 充当了中间人的角色,只需要把发给自己的报文做合适的修改,转给另一方即可。这就是典型的中间人攻击模式。

(二)DAI 执行步骤

DAI 确保了只有合法的 ARP 报文才会被设备转发。它主要执行以下几个步骤:

(1)在打开 DAI 检查功能的 VLAN 所对应的 UNTRUST 口上拦截住所有 ARP 请求和应答报文。

(2)在做进一步相关处理之前,根据 DHCP 数据库的设置,对拦截住的 ARP 报文进行合法性检查。

(3)丢弃没有通过检查的报文。

(4)继续对检查通过的报文做相应的处理,发送到相应的目的地。

(5)ARP 报文是否合法的依据是 DHCP Snooping binding 数据库。

（三）接口信任状态和网络安全

基于设备上每一个端口的信任状态，对 ARP 报文作出相应的检查，从 TRUST 口接收到的报文将跳过 DAI 检查，被认为是合法的 ARP 报文；而从 UNTRUST 口接收到的 ARP 报文，将严格执行 DAI 检查。

在一个典型的网络配置中，应该将连接到网络设备的二层端口设置为 TRUST 口，连接到主机设备的二层端口设置为 UNTRUST 口。

将一个二层端口错误地配置成 UNTRUST 口可能会影响到网络正常通信。

七、配置 DAI

DAI 是一个基于 ARP 协议的安全过滤技术，简而言之就是配置一系列的过滤策略使得经过设备的 ARP 报文的合法性得到比传统方式更加有效的检验。

要使用 DAI 相关功能，可选择性地执行以下各项任务：

（1）启用指定 VLAN 的 DAI 报文检查功能（必须）；

（2）设置端口的信任状态（可选）；

（3）DHCP Snooping Database 相关配置（可选）。

（一）启用指定 VLAN 的 DAI 报文检查功能

如果没有启用 VLAN vlan-id 的 DAI 报文检查功能，ARP 报文会跳过 DAI 相关的安全检查（不会跳过 ARP 报文限速）。

可以通过 show ip arp inspection vlan 查看所有 VLAN 是否启用了 DAI 报文检查功能。

配置 VLAN 的 DAI 报文检查功能，可在端口配置模式中按照表 8-14 命令执行。

表 8-14

命令	作用
Switch（config）# ip arp inspection vlan vlan-id	启用 VLAN vlan-id 的 DAI 报文检查功能
Switch（config）# no ip arp inspection vlan vlan-id	关闭 VLAN vlan-id 的 DAI 报文检查功能。缺省情况下，所有 VLAN 的 DAI 报文检查功能是关闭的。省略 vlan-id 时关掉所有 VLAN 的 DAI 报文检查功能

（二）配置端口的信任状态

此功能应用在二层接口配置模式，且此二层接口为一个 SVI 的成员口。

如果端口是可信任的，ARP 报文将跳过进一步的检查；否则，会使用 DHCP Snooping 数据库的信息来检查当前 ARP 报文的合法性。

配置端口信任状态，可在端口配置模式中可以执行表 8-15 命令。

表 8-15

命令	作用
Switch(config-if)# ip arp inspection trust	设置端口是可信任的
Switch（config-if）# no ip arp inspection trust	设置端口是不可信任的。缺省情况下，所有二层端口都是不可信任的

（三）DHCP Snooping Database 相关配置

如果没有配置 DHCP Snooping Database，则所有 ARP 报文通过检查。

八、显示 DAI

（一）显示 VLAN 是否启用 DAI 功能

显示各 VLAN 的启用状态，在全局配置模式中可以执行表 8-16 命令。

表 8-16

命令	作用
show ip arp inspection vlan	显示各 VLAN 的启用状态

（二）显示各二层端口 DAI 配置状态

显示各二层端口 DAI 配置状态，在全局配置模式中可以执行表 8-17 命令。

表 8-17

命令	作用
show ip arp inspection interface	显示各二层端口的 DAI 配置（包括信任状态和速率限制）

支持 NFPP（网络基础保护策略）的产品，速率限制由 NFPP 完成，不再通过 DAI 进行设置，因此上述命令只显示端口的信任状态。

任务实施

一、DHCP Snooping 配置实训

1. 实训目标

在接入设备（本例为 Switch B）上开启 DHCP Snooping 功能。

（1）DHCP 客户端用户通过合法 DHCP 服务器动态获取 IP 地址。

（2）避免其他用户私设 DHCP 服务器。

2. 实训环境

DHCP Snooping 配置实训环境如图 8-9 所示。

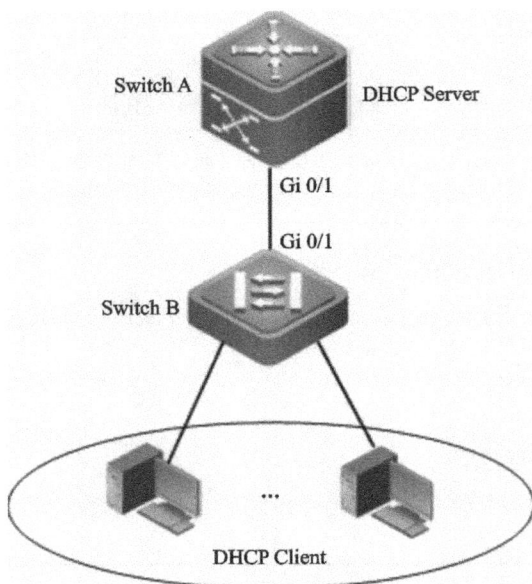

图 8-9　DHCP Snooping 配置实训环境

3. 实训要点

在接入设备上开启 DHCP Snooping 功能，将上链口（本例为端口 Gi 0/1）设置为 TRUST口。

4. 实训步骤

（1）配置 Switch B。

① 打开 DHCP Snooping 功能。

Switch B♯configure terminal

Enter configuration commands，one per line. End with CNTL/Z.

Switch B(config)♯ip dhcp snooping

② 配置上链口为 TRUST 口。

Switch B(config)♯interface GigabitEthernet 0/1

Switch B(config-if-GigabitEthernet 0/1)♯ip dhcp snooping trust

（2）配置验证。

① 确认 Switch B 的配置，关注点为是否开启 DHCP Snooping 功能、配置的 DHCP Snooping TRUST 口是否为上链口。

Switch B ♯show running-config

!

ip dhcp snooping

!

interface GigabitEthernet 0/1

ip dhcp snooping trust

② 查看 Switch B 的 DHCP Snooping 配置情况，关注点为 TRUST 口是否正确。

Switch B ♯show ip dhcp snooping

Switch DHCP Snooping status:ENABLE

DHCP Snooping Verification of hwaddr status:DISABLE

DHCP Snooping database write-delay time:0 seconds

DHCP Snooping option 82 status:DISABLE

DHCP Snooping Support bootp bind status:DISABLE

Interface	Trusted	Rate limit(pps)
GigabitEthernet 0/1	YES	unlimited

③ 查看 DHCP Snooping 地址绑定数据库信息(用户的 MAC 地址、动态分配的 IP 地址、地址租期、对应的 VLAN 和端口号等)。

Switch B ♯show ip dhcp snooping binding

Total number of bindings:1

MacAddress	IpAddress	Lease(sec)	Type	VLAN	Interface
0013.2049.9014	172.16.1.2	86207		dhcp-snooping 1	GigabitEthernet 0/11

二、DAI 配置实训

1. 实训目标

如图 8-10 所示,用户 PC 的 IP 地址是 DHCP 服务器自动分配的,为了保证用户能够正常上网,有如下要求:

(1)用户 PC 只能从指定的 DHCP 服务器获取 IP 地址,不允许私设 DHCP 服务器。

(2)用户 PC 只能使用合法 DHCP 服务器分配的 IP 地址上网,不允许随意设置 IP 地址。

2. 实训环境

DAI 配置实训环境见图 8-10。

3. 实训要点

(1)在接入交换机(本例为 Switch A)上启用 DHCP Snooping 并将连接合法 DHCP 服务器的上链口(本例为 Gi 0/3)设置为 TURST 口可满足第一个需求。

(2)在接入设备(本例为 Switch A)启用 DHCP Snooping 基础上再开启 DAI,可满足第二个需求。

(3)在汇聚或核心交换机上如有其他 PC 接入并存在私设 DHCP 服务器可能,也需要开启 DHCP Snooping。

4. 实训步骤

(1)配置 Switch A。

① 设置直连用户 PC 的端口的 VLAN。

Switch A ♯configure terminal

Enter configuration commands,one per line. End with CNTL/Z.

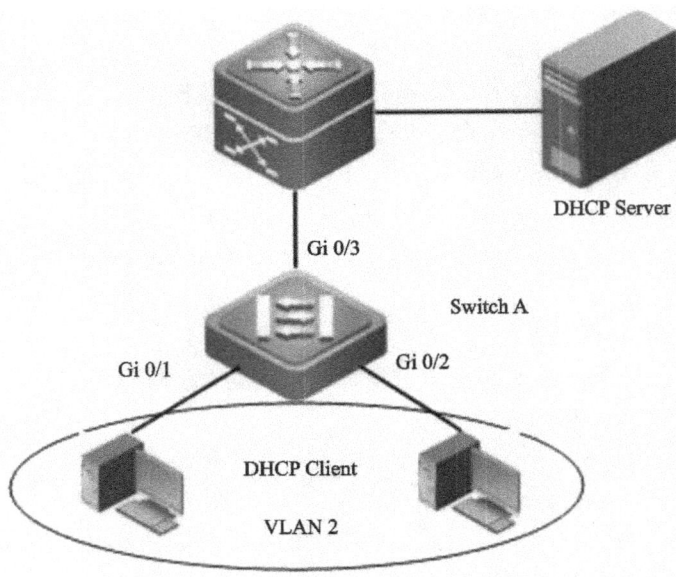

图 8-10　DAI 配置实训环境

Switch A(config)♯interface range GigabitEthernet 0/1-2

Switch A(config-if-range)♯switchport access vlan 2

② 开启 DHCP Snooping 功能。

Switch A(config-if-range)♯exit

Switch A(config)♯ip dhcp snooping

③ 在对应的 VLAN 上开启 DAI 功能。

Switch A(config)♯ip arp inspection vlan 2

④ 将上链口设置为 DHCP Snooping 的 TRUST 口。

Switch A(config)♯interface GigabitEthernet 0/3

Switch A(config-if-GigabitEthernet 0/3)♯ip dhcp snooping trust

⑤ 将上链口设置为 DAI 的 TRUST 口。

Switch A(config-if-GigabitEthernet 0/3)♯ip arp inspection trust

(2)配置验证。

① 确认配置是否正确,关注点为 DHCP Snooping/DAI 是否启用,TRUST 口是否正确。

Switch A♯show running-config

ip dhcp snooping

!

ip arp inspection vlan 2

!

interface GigabitEthernet 0/1

switchport access vlan 2

!

interface GigabitEthernet 0/2

switchport access vlan 2

!

interface GigabitEthernet 0/3

ip dhcp snooping trust

ip arp inspection trust

② 查看 DHCP Snooping 的状态以及对应的 TRUST 口,关注点为上链口是否设置为 TRUST 口。

Switch A ♯ show ip dhcp snooping

Switch DHCP Snooping status:ENABLE

DHCP Snooping Verification of hwaddr status:DISABLE

DHCP Snooping database write-delay time:0 seconds

DHCP Snooping option 82 status:DISABLE

DHCP Snooping Support bootp bind status:DISABLE

Interface	Trusted	Rate limit(pps)
GigabitEthernet 0/3	YES	unlimited

③ 查看 DAI 状态,关注点为对应的 VLAN 的情况和上链口是否设置为 TURST 口。

Switch A ♯ show ip arp inspection vlan

Vlan	Configuration
2	Enable

Switch ♯ show ip arp inspection interface

Interface	Trust State
GigabitEthernet 0/1	Untrusted
GigabitEthernet 0/2	Untrusted
GigabitEthernet 0/3	Trusted

如果需要查看 DHCP Snooping 形成的数据库绑定信息,可以通过 show ip dhcp snooping binding 命令,在此不再列举。

任务拓展

1. 实训目标

用户网关在核心交换机上,核心交换机创建 DHCP Server,接入交换机下联 PC 使用动态 DHCP 获取 IP 地址,为了防止下联用户之间的 ARP 欺骗及下联用户欺骗网关,使用 DHCP Snooping 及 DAI 方案解决 ARP 欺骗问题。

2. 实训环境

任务拓展实训环境见图 8-11。

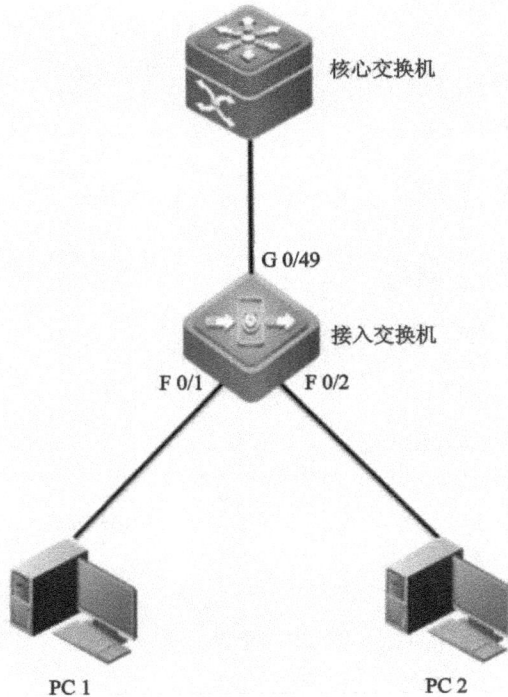

图 8-11　任务拓展实训环境

3.实训要点

（1）在核心交换机上开启 DHCP Server 功能（用户端也有可能使用专用的 DHCP 服务器，核心交换机只需要启用 DHCP Relay 即可）。

（2）在接入交换机上全局开启 DHCP Snooping 功能，并且在上联核心的端口开启 DHCP Snooping 的 TRUST 口。

（3）全局开启 DAI 检测功能，上联口开启 DAI Trust 功能。

（4）调整 CPP 限制和 NFPP 功能，Trunk 裁减优化。

任务九
路由重分发和策略路由

◆ **知识目标**

❑ 了解路由重分发和策略路由的技术原理。
❑ 掌握路由重分发和策略路由的配置方法。

◆ **能力目标**

❀ 熟练掌握路由重分发和策略路由的相关配置命令。
❀ 学会运用路由重分发和策略路由的配置技术,以提高网络的使用效率。

◆ **任务描述**

　　某公司内部使用多个路由器进行互联,采用的路由协议有RIP和OSPF。如何实现RIP与OSPF间路由迁移,使得在不同路由域间学习到对方路由? 同时,在网络应用中,有时需要根据数据包源IP地址或根据源地址、目标地址、端口号、协议及数据包长度控制数据包转发路径,如何满足这种需求?

知识储备

一、配置路由图

路由图（route-map）是与具体路由协议无关的一种过滤策略集，提供给路由协议和策略路由使用。在路由协议中，用于路由信息的过滤和修改；在策略路由中，用于控制报文转发。定义路由图和删除路由图，在全局配置模式中可以执行表 9-1 命令。

表 9-1

命令	作用
Router（config）# route-map route-map-name [[permit|deny] sequence]	定义路由图
Router（config）# no route-map route-map-name [{ permit|deny } sequence]	删除路由图

一个路由图规则配置中，可以执行一个或多个 match 命令和一个或多个 set 命令。如果没有 match 命令，则匹配所有；如果没有 set 命令，则不做任何操作。定义规则的匹配条件，在路由图配置模式中可以执行表 9-2 命令。

表 9-2

命令	作用
Router（config-route-map）# match community {standard-list-number|expanded-list-number community-list-name } [exac-match]...	匹配 BGP 路由的团体属性
Router（config-route-map）# match interface [interface-type interface-number...]	匹配路由的下一跳接口
Router（config-route-map）# match ip address access-list-number [access-list-number...]	匹配访问列表中的地址
Router（config-route-map）# match ip next-hop access-list-number [access-list-number...]	匹配访问列表中的下一跳地址

续表

命令	作用
Router（config-route-map）# match ip route-source access-list-number［access-list-number...］	匹配访问列表中的路由源地址
Router（config-route-map）# match ipv6 address｛access-list-name｜prefix-list prefix-list-name｝	匹配 IPv6 访问列表或前缀列表
Router（config-route-map）# match tag tag	匹配路由的标记值,tag 范围:0～4294967295
Router（config-route-map）# match route-type｛local｜internal｜｛｛external｜nssa-external｝［type-1］［type-2］｝｜［level-1｜level-2］｝	匹配路由的类型
Router（config-route-map）# match origin｛egp｜igp｜incomplete｝	匹配路由来源的类型
Router（config-route-map）# match metric metric	匹配路由的量度值
Router（config-route-map）# match ipv6 route-source｛access-list-name｜prefix-list prefix-list-name｝	匹配访问列表或前缀列表的路由源地址
Router（config-route-map）# match ipv6 next-hop｛access-list-name｜prefix-list prefix-list-name｝	匹配访问列表或前缀列表的下一跳地址

定义匹配后的操作,在路由图配置模式中可以执行表 9-3 命令。

表 9-3

命令	作用
Router（config-route-map）# set aggregator as as-num ip_addr	设置路由的聚合者的 AS 属性值
Router（config-route-map）# set dampening half-life reuse suppress max-suppress-time	设置路由的路由振荡参数
Router（config-route-map）# set community｛community-number［community-number...］additive｜none｝	设置 Community 属性值

续表

命令	作用
Router（config-route-map）# set as-path prepend as-number	设置 AS_PATH 属性值
Router(config-route-map)# set community-list community-list-number｜community-list-name delete	设置删除 Community-List 中的所有的 Community 属性值
Router（config-route-map）# set extend-community {rt extend-community-value｜set extend-community-value}	设置扩展团体属性值
Router（config-route-map）# set ip next-hop ip-address ［weight］［ip-address［weight］...］	设置下一跳 IP 地址
Router （config-route-map）# setIPv6default next-hop global-ipv6-address［weight］[global-ipv6-address［weight］...]	设置默认下一跳 IPv6 地址
Router(config-route-map)# set ip default next-hop ip-address ［weight］［ip-address ［weight］...］	设置默认下一跳 IP 地址
Router（config-route-map）# set interface interface-type interface-number	设置报文转发接口
Router(config-route-map)# set level {stub-area｜backbone｜level-1｜level-1-2｜level-2}	设置输入路由的区域
Router(config-route-map)# set tag tag	设置重分发路由的标记值
Router(config-route-map)# set weight number	设置 BGP 路由权重值
Router(config-route-map)# set originator-id ip-addr	设置路由源发属性
Router（config-route-map）# set origin {egp｜igp｜incomplete}	设置路由来源属性
Router（config-route-map）# set next-hop next-hop	设置重分发路由的下一跳。Next-hop:下一跳的 IP 地址

续表

命令	作用
Router（config-route-map）# set metric-type {type-1|type-2|external|internal}	设置重分发路由的外部链路类型
Router(config-route-map)# set metric metric	设置重分发路由的量度值
Router（config-route-map）# set local-preference number	设置 Local_Preference 值

路由图的 match 命令与 set 命令对路由图不同应用的支持情况不同，为了方便用户了解 match 命令、set 命令是否适用于当前应用，可在如下情况下给予用户提示信息：配置关联 route-map 的命令时，检查 route-map 所配置的 match 命令与 set 命令在当前所关联应用的适用情况，存在不适用情况时给予用户提示信息。配置 route-map 命令、match 命令或者 set 命令时，检查该 route-map 关联的所有应用对于 route-map 配置的所有 match 命令与 set 命令的适用情况，存在不适用情况时给予用户提示信息。

二、路由重分发

为了使设备能够运行多个路由协议进程，路由信息会从一个路由进程重分发到另外一个路由进程。比如可以将 OSPF 路由域的路由重新分发后通告到 RIP 路由域中，也可以将 RIP 路由域的路由重新分发后通告到 OSPF 路由域中。路由的相互重分发可以在所有的 IP 路由协议之间进行。在路由重分发中，经常通过路由图的应用，对两个路由域之间的路由相互分发进行有条件的控制。把路由从一个路由域分发到另一个路由域，并且进行控制路由重分发，在路由进程配置模式中可以执行表 9-4 命令。

表 9-4

命令	作用
Router（config-router）# redistribute protocol [process-id] [metric metric] [metric-type metric-type] [match internal|external type | nssa-external type] [tag tag] [route-map route-map-name] [subnets]	进行重分发路由 protocol 协议类型：BGP、CONNECTED、ISIS、RIP、STATIC
Router（config-router）# default-metric metric	给所有重分发路由设置缺省量度值（metric）

OSPF 路由进程中配置路由重分发时，缺省情况下，赋予重分发路由的量度值为 20，类型为 Type-2，该类型路由属于 OSPF 最不可信的路由。为了通告缺省路由，路由协议需要将缺

省路由引入进程，或者强制生成一条缺省路由。对缺省路由进行分发设置，在路由进程配置模式中可以执行表 9-5 命令。

表 9-5

命令	作用
Router（config-router）# default-information originate ［always］［metric metric］［metric-type type］［route-map map-name］	将缺省路由引入路由协议进程并进行通告。always（可选）：无论本地路由表是否存在缺省路由，都引入一条缺省路由。metric（可选）：对引入的缺省路由的 metric 值进行设置。metric-type（可选）：设置 OSPF 引入的缺省路由类型。route-map（可选）：对引入缺省路由进行过滤和设置

　　路由过滤就是对进出站路由进行控制，使得设备只学到必要的、可预知的路由，对外只向可信任的设备通告必要的、可预知的路由。路由的泄漏和混乱，会影响网络运行，因此对于电信运营商和金融业务网络，配置路由过滤十分有必要。为了防止本地网络上的其他路由设备学到不必要的路由信息，可以通过控制路由更新通告来遏制指定路由的更新。遏制路由更新通告，在路由进程配置模式中可以执行表 9-6 命令。

表 9-6

命令	作用
Router（config-router）# distribute-list ｛［access-list-number｜access-list-name]prefix prefix-list-name｝ out ［interface-type interface-number｜ protocol]	根据访问列表规则，允许或拒绝某些路由被分发出去。prefix：用前缀列表来过滤路由；前缀列表需要另外通过 IP prefix-list 配置

　　为了避免处理进站路由更新报文的某些指定路由，可以配置路由更新处理。该特性不适用于 OSPF 路由协议。要控制路由更新处理，在路由进程配置模式中可以执行表 9-7 命令。

表 9-7

命令	作用
Router（config-router）# distribute-list ｛［access-list-number｜access-list-name]｜prefix prefix-list-name ［gateway prefix-list-name]｜ gateway prefix-list-name｝ in ［interface-type interface-number]	根据访问列表规则，允许或拒绝接收分发进来的指定的路由。prefix：用前缀列表来过滤路由；前缀列表需要另外通过 IP prefix-list 配置。gateway：使用前缀列表根据路由的源对分发进来的路由进行过滤

三、配置策略路由

（一）策略路由概述

　　策略路由（Policy Based Routing，PBR）是一种比基于目的地址进行路由转发更加灵活的数据包路由转发机制。策略路由可以根据 IP/IPv6 报文源地址、目的地址、端口、报文长度等内容灵活地进行路由选择。现有用户网络，常常会出现使用多个 ISP（Internet Server Provider，Internet 服务提供商）资源的情形，不同 ISP 申请到的带宽不一。同时，由于同一用户环境中需要保证重点用户资源,对这部分用户不能够再依据普通路由表进行转发,需要有选择地进行数据报文的转发控制,因此,策略路由技术既能够保证 ISP 资源的充分利用,又能够很好地满足这种灵活、多样的应用。IP/IPv6 策略路由只会对接口接收的报文进行策略路由,而从该接口转发出去的报文则不受策略路由的控制;一个接口应用策略路由后,将对该接口接收到的所有数据包进行检查,不符合路由图任何策略的数据包将按照普通的路由转发进行处理,符合路由图中某个策略的数据包则按照该策略中定义的操作进行转发。一般情况下,策略路由的优先级高于普通路由,能够对 IP/IPv6 报文依据定义的策略转发,即数据报文先按照 IP/IPv6 策略路由进行转发,如果没有匹配任意一个的策略路由条件,那么再按照普通路由进行转发。用户也可以配置策略路由的优先级比普通路由低,接口上收到的 IP/IPv6 报文则先进行普通路由的转发,如果无法匹配普通路由,再进行策略路由转发。用户可以根据实际情况配置设备转发模式,如选择负载均衡或者冗余备份模式,前者设置的多个下一跳会进行负载均衡,还可以设定负载分担的比重;后者是应用多个下一跳处于冗余模式,即前面优先生效,只有前面的下一跳无效时,后面次优的下一跳才会生效。用户可以同时配置多个下一跳信息。策略路由可以分为两种类型:

(1)对接口收到的 IP 报文进行策略路由。

对接口收到的 IP 报文进行策略路由只会对从接口接收的报文进行策略路由,而对于从该接口转发出去的报文则不受策略路由的控制。

(2)对本设备发出的 IP 报文进行策略路由。

对本设备发出的 IP 报文进行的策略路由用于控制本机发往其他设备的 IP 报文,对于外部设备发送给本机的 IP 报文则不受策略路由控制。

(二)策略路由的基本特性

1.策略路由的应用过程

应用策略路由,必须先创建路由图,然后在接口上应用该路由图。一个路由图由很多条策略组成,每条策略都有对应的序号(Sequence),序号越小,该条策略的优先级越高。每条策略又由一条或者多条 match 语句以及对应的一条或者多条 set 语句组成。match 语句定义了IP/IPv6 报文的匹配规则,set 语句定义了对符合匹配规则的 IP/IPv6 报文的处理动作。在策略路由转发过程中,报文根据优先级从高到低依次匹配,只要匹配前面的策略,就执行该策略对应的动作,然后退出策略路由的执行。IP 策略路由使用 IP 标准或者扩展 ACL 作为 IP 报文的匹配规则,IPv6 策略路由使用 IPv6 扩展 ACL 作为 IPv6 报文的匹配规则。IPv6 策略路由对于同一条策略最多只能配置一个 match IPv6 address。

2.路由图策略匹配的模式

在配置路由图时,可以指定每一条策略的匹配模式为 permit 或者 deny,其意义如下。

(1)permit:指定该策略的匹配模式为允许模式,即当报文满足该策略的 match 规则时,会对该 IP/IPv6 报文应用相应的 set 规则;如报文不满足策略所有的 match 规则,报文将会使用该路由图的下一条策略进行匹配。

(2)deny:指定该策略的匹配模式为拒绝模式,即当报文满足该策略的所有 match 语句时,不对该 IP/IPv6 报文执行策略转发而是执行普通的路由转发。IP/IPv6 报文按照路由图中每一条策略的优先级由高到低依次进行匹配,只要匹配了前面的策略就执行相应的动作并退出策略转发流程；如果 IP/IPv6 报文不能匹配路由图中的任何策略，那么将会对 IP/IPv6 报文执行普通的路由转发。

3. 下一跳规则概念

当前策略路由提供了 set {ip|ipv6} next-hop、set {ip|ipv6} default next-hop 两条转发规则。这两条规则的意义如下。

(1) set {ip|ipv6} next-hop：配置策略路由下一跳 IP/IPv6 地址，优先级比普通路由高，从接口上收到的匹配 match 规则的 IP/IPv6 报文将优先转发到 set {ip|ipv6} next-hop 所指定的下一跳，而不管该 IP/IPv6 报文在路由表中的实际选路结果和策略路由指定的下一跳是否一致。

(2) set {ip|ipv6} default next-hop：该命令指定的策略路由的优先级比普通路由的低，但是比默认路由的高。从接口上收到的匹配 match 规则的 IP/IPv6 报文，如果该报文在路由表中选路失败或者选到默认路由，那么 IP/IPv6 报文将转发到该命令指定的下一跳。

上述两条规则指定的下一跳必须是直连的，否则不会生效；如果下一跳不是直连的，策略路由的效果相当于没有配置该命令。上述两条命令的优先级顺序为：set {ip|ipv6} next-hop > 网络路由/主机路由 > set {ip|ipv6} default next-hop > 缺省路由。这两条命令支持同时配置，但只有优先级较高的生效。

4. 策略路由下一跳负载均衡模式

一个路由图 Sequence 中能够配置多个下一跳，多个下一跳之间能够实现两种负载均衡模式。

(1) 冗余备份模式：支持优先生效，失效接管的模式，多个下一跳之间同一时刻只有一个下一跳生效。若前面的下一跳 R1 失效会自动切换到下一个下一跳 R2，当 R1 重新恢复生效时，会再自动切换回 R1；当存在多个下一跳，如 R1/R2/R3 等，删除 R1 再添加 R1 时，会在后面添加，如 R2/R3/R1，次之的 R2 生效。

(2) 负载均衡模式：多个下一跳之间基于数据流进行负载分担。下一跳为出接口形式，对这个功能不支持。

(三) 策略路由使用 TRACK 功能

策略路由使用 TRACK 功能可以增强策略路由对于网络环境变化的感知能力，使得策略路由能够适应动态变化的网络拓扑。当设备感知到当前用于转发的下一跳失效后，策略路由模块根据当前的负载分担模式快速地将流量切换到下一个生效下一跳（冗余备份模式）或者其余所有生效的下一跳（负载均衡模式）。

(四) 策略路由工作原理

首先，策略路由需要定义一个路由图，用于指定报文转发到哪儿去的策略。路由图由一组语句组成，可以定义为" Permit"和" Deny"行为。

其次，使用 set 语句控制报文转发行为。报文转发控制是通过在 PBR 路由图中定义一组 set 语句实现。依序使用每一个 set 语句进行报文转发，每一个语句都不会参考前面或者后面的语句。

最后，需要将待用 PBR 设置在报文的入口。如果设置在出口，则 PBR 不生效，按普通路由转发。对于路由器产品来说，还可以通过指定的策略路由对本地发出的报文进行处理，而不按照普通路由表转发。

(五)配置策略路由

策略路由提供了两种类型的 match 语句,分别是 match length 和 match ip address。match length 以 IP 报文的长度作为匹配的标准,match ip address 以 ACL 作为 IP 报文匹配的标准。对于同一条策略,只能配置一个 match length,但是可以配置多个 match ip address。如果在同一条策略中既指定 match length 又指定 match ip address,那么只有同时满足两个匹配规则的 IP 报文才会执行该策略中 set 规则指定的动作。策略路由提供了两种类型的 set 语句:第一类用于修改 IP 报文的 QOS 字段,包括 set iptos、set ip precedence、set ip dscp;第二类用于控制 IP 报文转发,包括 set vrf、set ip nexthop、set ip default nexthop、set interface、set default interface。在满足所有 match 规则的情况下,第一类 set 规则一定会被执行,第二类 set 规则则按照优先级顺序执行,优先级关系如下。

(1)set vrf:配置策略路由是 IP 报文选路使用的 VRF 实例,优先级比普通路由高,该命令不能和 set ip default nexthop、set default interface 同时配置。从接口上收到的匹配 match 规则的 IP 报文将使用该命令指定的 VRF 实例的路由表进行选路,而不管该 VRF 是否和收到该 IP 的接口所属的 VRF 一致。

(2)set ip nexthop:配置策略路由下一跳,优先级比普通路由和 set interface 高,如果该命令和以下三个命令的任意一个命令同时配置,那么该命令优先生效。从接口上收到的匹配 match 规则的 IP 报文将优先转发到 set ip nexthop 所指定的下一跳,而不管该 IP 报文在路由表中的实际选路结果是否和策略路由指定的下一跳一致。

(3)set ip default nexthop:该命令指定的策略路由比普通路由低,比默认路由高。从接口上收到的匹配 match 规则的 IP 报文,如果该报文在路由表中选路失败或者选到默认路由,那么 IP 报文将转发到该命令指定的下一跳。

(4)set interface:配置策略路由的出接口,优先级比普通路由高,如果该命令和 set default interface、set ip default nexthop 同时配置,那么该命令优先生效。从接口上收到的匹配 match 规则的 IP 报文将优先从 set interface 指定出口转发出去,而不管该 IP 报文在路由表中的实际选路结果是否和策略路由指定出口一致。

(5)set default interface:该命令的优先级比普通路由低,比默认路由高,但是比 set ip default nexthop 的优先级高。从接口上收到的匹配 match 规则的 IP 报文,如果该报文在路由表中选路失败或者选到默认路由,那么该 IP 报文将从该命令指定的接口转发出去。

配置一个策略路由分为以下几个步骤:

(1)定义 ACL,用作 IP 报文的匹配规则(表 9-8)。

表 9-8

命令	作用
Router(config)# ip access-list {extended|standard} {id|name}	定义 ACL,作为 IP 报文的匹配规则

（2）定义路由图，一个路由图可以由多个策略组成，策略按序号大小排列，只要符合了前面的策略，就可退出路由图的执行（表 9-9）。

表 9-9

命令	作用
Router（config）# route-map route-map-name［{permit｜deny} sequence］	定义路由图

（3）定义路由图每个策略的匹配规则或条件（表 9-10）。

表 9-10

命令	作用
Router(config-route-map)# match ip address{access- list-number｜access-list-name}	匹配访问列表中的地址

（4）定义满足匹配规则后，设备的操作（命令仅举例）（表 9-11）。

表 9-11

命令	作用
Router(config-route-map)# set ip precedence	修改该 IP 报文的优先级

（5）在指定接口中应用路由图（表 9-12）。

表 9-12

命令	作用
Router（config-if）# ip policy route-map name	在接口应用路由图

任务实施

一、重分发实训

1. 实训目标

全网除了运行 OSPF 外，还有其他路由协议，需要把在其他路由协议中学习的路由，重分发进 OSPF。

2. 实训环境

重分发实训环境见图 9-1。

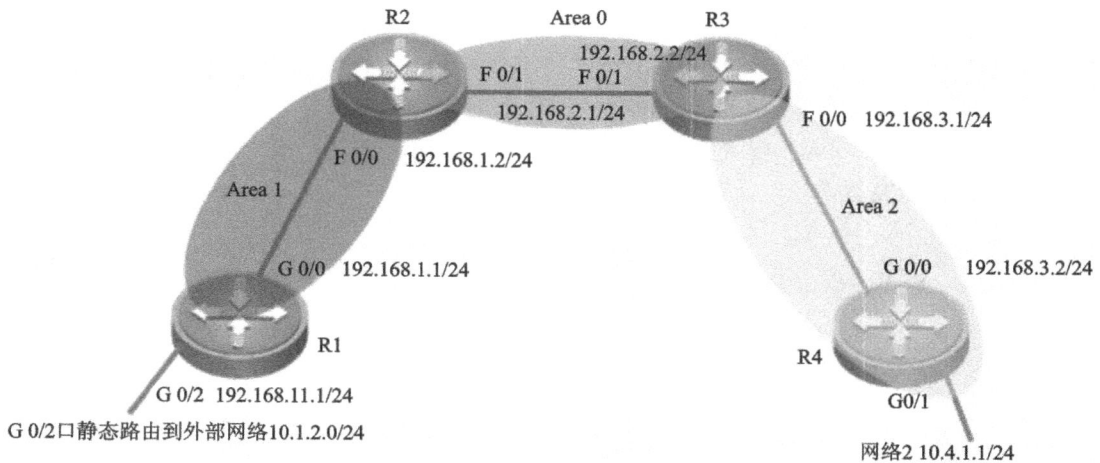

图 9-1 重分发实训环境

3. 实训步骤

配置全网路由器的 IP 地址及基本 OSPF。

(1)全网基本 IP 地址配置。

配置 R1 路由器参数:

Router(config)♯hostname R1

R1(config)♯interface GigabitEthernet 0/0

R1(config-GigabitEthernet 0/0)♯ip address 192.168.1.1 255.255.255.0

R1(config-GigabitEthernet 0/0)♯exit

R1(config)♯interface GigabitEthernet 0/1

R1(config-GigabitEthernet 0/1)♯ip address 10.1.1.1 255.255.255.0

R1(config-GigabitEthernet 0/1)♯exit

R1(config)♯interface Loopback 0　//配置 Loopback 0 接口的地址作为 OSPF 的 Router-id

R1(config-Loopback 0)♯ip address 1.1.1.1 255.255.255.255

R1(config-Loopback 0)♯exit

配置 R2 路由器参数:

Router(config)♯hostname R2

R2(config)♯interface FastEthernet 0/0

R2(config-if-FastEthernet 0/0)♯ip address 192.168.1.2 255.255.255.0

R2(config-if-FastEthernet 0/0)♯exit

R2(config)♯interface FastEthernet 0/1

R2(config-if-FastEthernet 0/1)♯ip address 192.168.2.1 255.255.255.0

R2(config-if-FastEthernet 0/1)♯exit

R2(config)♯interface Loopback 0　//配置 Loopback 0 接口的地址作为 OSPF 的 Router-id

R2(config-if-Loopback 0)♯ip address 2.2.2.2 255.255.255.255

R2(config-if-Loopback 0)♯exit

配置 R3 路由器参数：

Router(config)♯hostname R3

R3(config)♯interface FastEthernet 0/0

R3(config-if-FastEthernet 0/0)♯ip address 192.168.3.1 255.255.255.0

R3(config-if-FastEthernet 0/0)♯exit

R3(config)♯interface FastEthernet 0/1

R3(config-if-FastEthernet 0/1)♯ip address 192.168.2.2 255.255.255.0

R3(config-if-FastEthernet 0/1)♯exit

R3(config)♯interface loopback 0　//配置 Loopback 0 接口的地址作为 OSPF 的 Router-id

R3(config-if-Loopback 0)♯ip address 3.3.3.3 255.255.255.255

R3(config-if-Loopback 0)♯exit

配置 R4 路由器参数：

Router(config)♯hostname R4

R1(config)♯interface GigabitEthernet 0/0

R1(config-GigabitEthernet 0/0)♯ip address 192.168.3.2 255.255.255.0

R1(config-GigabitEthernet 0/0)♯exit

R1(config)♯interface GigabitEthernet 0/1

R1(config-GigabitEthernet 0/1)♯ip address 10.4.1.1 255.255.255.0

R1(config-GigabitEthernet 0/1)♯exit

R1(config)♯interface loopback 0　//配置 Loopback 0 接口的地址作为 OSPF 的 Router-id

R1(config-Loopback 0)♯ip address 4.4.4.4 255.255.255.255

R1(config-Loopback 0)♯exit

(2)全网路由启用 OSPF,并把对应的接口通告到指定的区域。

R1(config)♯router ospf 1　//启用 OSPF,进程号为 1

R1(config-router)♯network 192.168.1.1 0.0.0.0 area 1　//把 192.168.1.1 所属的接口通告进 OSPF 进程,区域号为 1

R1(config-router)♯network 10.1.1.1 0.0.0.0 area 1

R1(config-router)♯exit

R2(config)♯router ospf 1

R2(config-router)♯network 192.168.1.2 0.0.0.0 area 1

R2(config-router)♯network 192.168.2.1 0.0.0.0 area 0

R2(config-router)♯exit

R3(config)♯router ospf 1

R3(config-router)♯network 192.168.2.2 0.0.0.0 area 0

R3(config-router)♯network 192.168.3.1 0.0.0.0 area 2

R3(config-router)♯exit

R4(config)♯router ospf 1

R4(config-router)♯network 192.168.3.2 0.0.0.0 area 2

R4(config-router)♯network 10.4.1.1 0.0.0.0 area 2

R4(config-router)♯exit

（3）在 R1 上配置一条到网络 10.1.2.0/24 的静态路由。

R1(config)♯ip route 10.1.2.0 255.255.255.0 192.168.11.2

（4）将静态路由重分发进 OSPF。

R1(config)♯router ospf 1

R1(config-router)♯redistribute static subnets　　//重分发静态路由

R1(config-router)♯exit

二、路由过滤实训

1.实训目标

在 R2 上把 RIP 路由重分发进 OSPF，并且在重分发时进行路由过滤，只允许路由 172.16.1.32/28、172.16.1.48/29、172.16.1.56/30 重分发进 OSPF。

2.实训环境

路由过滤实训环境见图 9-2。

3.实训步骤

（1）基本 IP 地址配置。

① 配置 R1 路由器参数。

Router(config)♯hostname R1

R1(config)♯interface FastEthernet 0/0

R1(config-if-FastEthernet 0/0)♯ip address 192.168.1.1 255.255.255.0

R1(config-if-FastEthernet 0/0)♯exit

R1(config)♯interface Loopback 1

R1(config-if-Loopback 1)♯ip address 172.16.1.1 255.255.255.224

R1(config-if-Loopback 1)♯exit

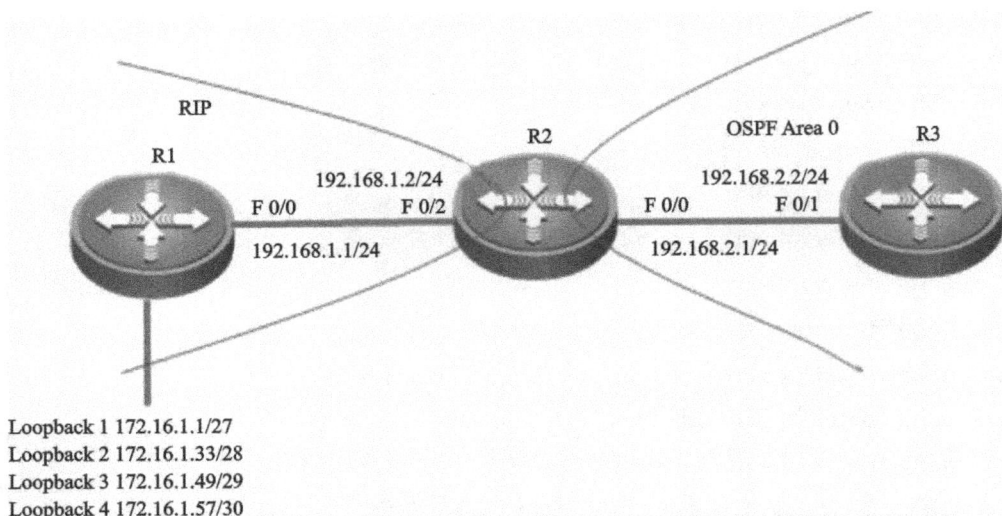

图 9-2　路由过滤实训环境

R1(config)♯interface Loopback 2

R1(config-if-Loopback 2)♯ip address 172.16.1.33 255.255.255.240

R1(config-if-Loopback 2)♯exit

R1(config)♯interface Loopback 3

R1(config-if-Loopback 3)♯ip address 172.16.1.49 255.255.255.248

R1(config-if-Loopback 3)♯exit

R1(config)♯interface Loopback 4

R1(config-if-Loopback 4)♯ip address 172.16.1.57 255.255.255.252

R1(config-if-Loopback 4)♯exit

② 配置 R2 路由器参数。

Router(config)♯hostname R2

R2(config)♯interface FastEthernet 0/2

R2(config-if-FastEthernet 0/2)♯ip address 192.168.1.2 255.255.255.0

R2(config-if-FastEthernet 0/2)♯exit

R2(config)♯interface FastEthernet 0/0

R2(config-if-FastEthernet 0/0)♯ip address 192.168.2.1 255.255.255.0

R2(config-if-FastEthernet 0/0)♯exit

③ 配置 R3 路由器参数。

Router(config)♯hostname R3

R3(config)♯interface FastEthernet 0/1

R3(config-if-FastEthernet 0/1)♯ip address 192.168.2.2 255.255.255.0

R3(config-if-FastEthernet 0/1)♯exit

（2）R1、R2 启用 RIP 协议，并将对应接口通告到 RIP 进程。

R1(config)♯router rip

R1(config-router)♯version 2　//启用 RIP 版本 2

R1(config-router)♯no auto-summary　//关闭自动汇总

R1(config-router)♯network 172.16.0.0　//将 172.16.0.0 的主网络通告到 RIP 进程

R1(config-router)♯network 192.168.1.0　//将 192.168.1.0 的主网络通告到 RIP 进程

R1(config-router)♯exit

R2(config)♯router rip

R2(config-router)♯version 2　//启用 RIP 版本 2

R2(config-router)♯no auto-summary　//关闭自动汇总

R2(config-router)♯network 192.168.1.0　//将 192.168.1.0 的主网络通告到 RIP 进程

R2(config-router)♯exit

（3）R2、R3 启用 OSPF 协议，并将对应接口通告到 OSPF 进程。

R2(config)♯router ospf 1　//启用 OSPF 进程 1

R2(config-router)♯network 192.168.2.1 0.0.0.0 area 0　//将 192.168.2.1 对应的接口通告到 OSPF 进程 1 的区域 0

R2(config-router)♯exit

R3(config)♯router ospf 1

R3(config-router)♯network 192.168.2.2 0.0.0.0 area 0

R3(config-router)♯exit

（4）在 R2 上把 RIP 学习到的路由重分发进 OSPF。

R2(config)♯router ospf 1

R2(config-router)♯redistribute rip subnets　//将 RIP 路由重分发进 OSPF，必须加 subnet

R2(config-router)♯exit

（5）通过 ACL 或前缀列表，把需要学习的路由匹配出来。

① 使用 ACL 匹配路由条目。

R2(config)♯ip access-list standard 1

R2(config-std-nacl)♯10 permit 172.16.1.32 0.0.0.0

R2(config-std-nacl)♯20 permit 172.16.1.48 0.0.0.0

R2(config-std-nacl)♯30 permit 172.16.1.56 0.0.0.0

R2(config-std-nacl)♯exit

② 使用前缀列表匹配路由条目。

R2(config)♯ip prefix-list Router seq 10 permit 172.16.1.0/24 ge 28 le 30　//定义前缀列表 Router,匹配前缀为 172.16.1.0/24,子网掩码大于等于 28、小于等于 30 的路由条目

(6)R2 RIP 路由重分发进 OSPF,使用 distribute-list 过滤路由。

① distribute-list 调用 ACL 做路由过滤。

R2(config)♯router ospf 1

R2(config-router)♯distribute-list 1 out rip　//把 RIP 路由重分发进 OSPF 时做路由过滤(注意方向必须是 out)

R2(config-router)♯exit

② distribute-list 调用前缀列表做路由过滤。

R2(config)♯router ospf 1

R2(config-router)♯distribute-list prefix Router out rip　//把 RIP 路由重分发进 OSPF 时做路由过滤(注意方向必须是 out)

R2(config-router)♯exit

补充:

① 距离矢量协议使用 distribute-list 过滤邻居之间传递的路由条目,命令如下:

R2(config)♯router rip

R2(config-router)♯distribute-list 1 in fastEthernet 0/2　//1 代表 ACL 列表 1,也可用前缀列表;in 代表从邻居学习的路由,若为 out 则是传递给邻居的路由;还可以加上具体的接口

② 链路状态协议使用 distribute-list 过滤提交给路由表的路由条目,命令如下:

R2(config)♯router ospf 1

R2(config-router)♯distribute-list 1 in　//1 代表 ACL 列表 1,也可用前缀列表;方向必须为 in

三、route-map 实训

1. 实训目标

在 R2 上把 RIP 路由重分发进 OSPF,并且在重分发时进行路由过滤,只允许路由 172.16.1.32/28、172.16.1.48/29、172.16.1.56/30 重分发进 OSPF,引入的外部路由类型为 OE1,metric 为 50。

2. 实训环境

route-map 实训环境见图 9-3。

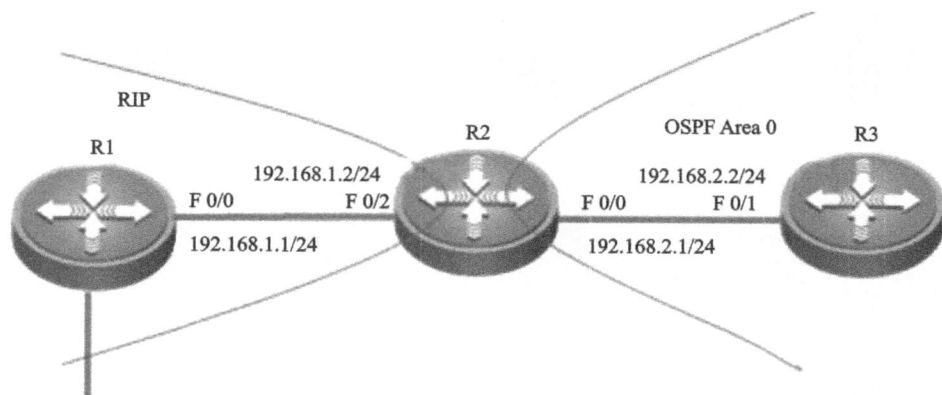

图 9-3　route-map 实训环境

Loopback 1 172.16.1.1/27
Loopback 2 172.16.1.33/28
Loopback 3 172.16.1.49/29
Loopback 4 172.16.1.57/30

3. 实训步骤

(1)基本 IP 地址配置。

① 配置 R1 路由器参数。

Router(config)♯hostname R1

R1(config)♯interface FastEthernet 0/0

R1(config-if-FastEthernet 0/0)♯ip address 192.168.1.1 255.255.255.0

R1(config-if-FastEthernet 0/0)♯exit

R1(config)♯interface Loopback 1

R1(config-if-Loopback 1)♯ip address 172.16.1.1 255.255.255.224

R1(config-if-Loopback 1)♯exit

R1(config)♯interface Loopback 2

R1(config-if-Loopback 2)♯ip address 172.16.1.33 255.255.255.240

R1(config-if-Loopback 2)♯exit

R1(config)♯interface Loopback 3

R1(config-if-Loopback 3)♯ip address 172.16.1.49 255.255.255.248

R1(config-if-Loopback 3)♯exit

R1(config)♯interface Loopback 4

R1(config-if-Loopback 4)♯ip address 172.16.1.57 255.255.255.252

R1(config-if-Loopback 4)♯exit

② 配置 R2 路由器参数。

Router(config)♯hostname R2

R2(config)♯interface FastEthernet 0/2

R2(config-if-FastEthernet 0/2)♯ip address 192.168.1.2 255.255.255.0

R2(config-if-FastEthernet 0/2)♯exit

R2(config)♯interface FastEthernet 0/0

R2(config-if-FastEthernet 0/0)♯ip address 192.168.2.1 255.255.255.0

R2(config-if-FastEthernet 0/0)♯exit

③ 配置 R3 路由器参数。

Router(config)♯hostname R3

R3(config)♯interface FastEthernet 0/1

R3(config-if-FastEthernet 0/1)♯ip address 192.168.2.2 255.255.255.0

R3(config-if-FastEthernet 0/1)♯exit

(2)R1、R2 启用 RIP 协议,并将对应接口通告到 RIP 进程。

R1(config)♯router rip

R1(config-router)♯version 2   //启用 RIP 版本 2

R1(config-router)♯no auto-summary   //关闭自动汇总

R1(config-router)♯network 172.16.0.0   //将 172.16.0.0 的主网络通告到 RIP 进程

R1(config-router)♯network 192.168.1.0   //将 192.168.1.0 的主网络通告到 RIP
进程

R1(config-router)♯exit

R2(config)♯router rip

R2(config-router)♯version 2

R2(config-router)♯no auto-summary

R2(config-router)♯network 192.168.1.0

R2(config-router)♯exit

(3)R2、R3 启用 OSPF 协议,并将对应接口通告到 OSPF 进程。

R2(config)♯router ospf 1   //启用 OSPF 进程 1

R2(config-router)♯network 192.168.2.1 0.0.0.0 area 0   //将 192.168.2.1 对应的接
口通告到 OSPF 进程 1 的区域 0

R2(config-router)♯exit

R3(config)♯router ospf 1

R3(config-router)♯network 192.168.2.2 0.0.0.0 area 0

R3(config-router)♯exit

(4)在 R2 上把 RIP 学习到的路由重分发进 OSPF。

R2(config)♯router ospf 1

R2(config-router)♯redistribute rip subnets

R2(config-router)♯exit

(5)通过 ACL 或前缀列表,把需要学习的路由匹配出来。

① 使用 ACL 匹配路由条目。

R2(config)♯ip access-list standard 1

R2(config-std-nacl)♯10 permit 172.16.1.32 0.0.0.0

R2(config-std-nacl)♯20 permit 172.16.1.48 0.0.0.0

R2(config-std-nacl)♯30 permit 172.16.1.56 0.0.0.0

R2(config-std-nacl)♯exit

② 使用前缀列表匹配路由条目。

R2(config)♯ip prefix-list Router seq 10 permit 172.16.1.0/24 ge 28 le 30 　//定义前缀列表 Router,匹配前缀为 172.16.1.0/24,子网掩码大于等于 28、小于等于 30 的路由条目

(6)配置 route-map。

① route-map 除了可以用来做路由过滤外,还能够修改路由的属性。

② route-map 可以匹配的条件比较多(包括路由条目、metric、metric-type 等条件),而 distribute-list 只能匹配路由条目。

③ route-map 的执行顺序从上到下,最后隐含一条 deny any。

route-map 的 match ip address 可以匹配 ACL 列表,也可以匹配前缀列表,只要选择其中一种就可以,示例如下。

a. match ip address 使用 ACL 列表匹配。

R2(config)♯route-map aaa permit 10

R2(config-route-map)♯match ip address 1 　//匹配 ACL 列表 1 的路由条目

R2(config-route-map)♯set metric-type type-1 　//配置引入的外部路由类型为类型 1

R2(config-route-map)♯set metric 50 　//配置引入的外部路由 metric 为 50

R2(config-route-map)♯exit

b. match ip address 使用前缀列表匹配。

R2(config)♯route-map aaa permit 10

R2(config-route-map)♯match ip address prefix-list Router 　//匹配前缀列表 Router 的路由条目

R2(config-route-map)♯set metric-type type-1 　//配置引入的外部路由类型为类型 1

R2(config-route-map)♯set metric 50 　//配置引入的外部路由 metric 为 50

R2(config-route-map)♯exit

(7)R2 将 RIP 路由重分发进 OSPF,调用 route-map 做路由控制。

R2(config)♯router ospf 1

R2(config-router)♯redistribute rip subnets route-map aaa 　//将 RIP 路由重分发进 ospf 时,调用 route-map aaa

R2(config-router)♯exit

补充：

BGP 协议中 neighbor 调用 route-map 的配置命令如下。

R2(config)♯router bgp 1

R2(config-router)♯neighbor 10.1.1.1 route-map aaa in

注意：

方向 in 代表对从该邻居学习的路由做控制，方向 out 代表对发给该邻居的路由做控制（对 BGP 邻居使用 route-map 做路由控制，配置 route-map 后，需要通过软清除 BGP 邻居的路由，才能使配置生效，该操作请勿在业务高峰期进行）。

四、策略路由实训

1.实训目标

如图 9-4 所示的网络拓扑，R1 到外网有 2 个出口 R3 和 R4，需要实现内网 172.16.1.0/24 访问外网走 R3 出口，内网 172.16.2.0/24 访问外网走 R4 出口。

2.实训环境

策略路由实训环境见图 9-4。

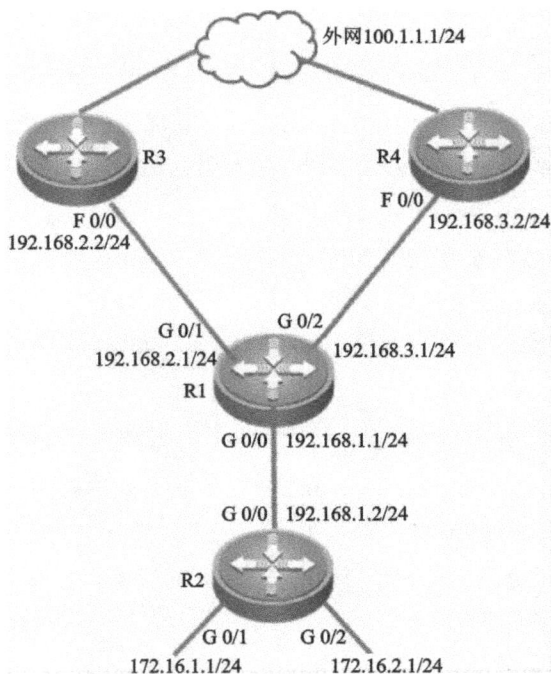

图 9-4　策略路由实训环境

3.实训步骤

(1)基本 IP 地址配置。

① 配置 R1 路由器参数。

Router(config)♯hostname R1

R1(config)♯interface GigabitEthernet 0/0

R1(config-GigabitEthernet 0/0)♯ip address 192.168.1.1 255.255.255.0

R1(config-GigabitEthernet 0/0)♯exit

R1(config)♯interface GigabitEthernet 0/1

R1(config-GigabitEthernet 0/1)♯ip address 192.168.2.1 255.255.255.0

R1(config-GigabitEthernet 0/1)♯exit

R1(config)♯interface GigabitEthernet 0/2

R1(config-GigabitEthernet 0/2)♯ip address 192.168.3.1 255.255.255.0

R1(config-GigabitEthernet 0/2)♯exit

② 配置 R2 路由器参数。

Router(config)♯hostname R2

R2(config)♯interface GigabitEthernet 0/0

R2(config-GigabitEthernet 0/0)♯ip address 192.168.1.2 255.255.255.0

R2(config-GigabitEthernet 0/0)♯exit

R2(config)♯interface GigabitEthernet 0/1

R2(config-GigabitEthernet 0/1)♯ip address 172.16.1.1 255.255.255.0

R2(config-GigabitEthernet 0/1)♯exit

R2(config)♯interface GigabitEthernet 0/2

R2(config-GigabitEthernet 0/2)♯ip address 172.16.2.1 255.255.255.0

R2(config-GigabitEthernet 0/2)♯exit

③ 配置 R3 路由器参数。

Router(config)♯hostname R3

R3(config)♯interface FastEthernet 0/0

R3(config-if-FastEthernet 0/0)♯ip address 192.168.2.2 255.255.255.0

R3(config-if-FastEthernet 0/0)♯exit

④ 配置 R4 路由器参数。

Router(config)♯hostname R4

R4(config)♯interface FastEthernet 0/0

R4(config-if-FastEthernet 0/0)♯ip address 192.168.3.2 255.255.255.0

R4(config-if-FastEthernet 0/0)♯exit

（2）基本的 IP 路由配置，使全网可达。

R1(config)♯ip route 172.16.0.0 255.255.0.0 192.168.1.2

R2(config)♯ip route 100.1.1.0 255.255.255.0 192.168.1.1

R3(config)♯ip route 172.16.0.0 255.255.0.0 192.168.2.1

R4(config)♯ip route 172.16.0.0 255.255.0.0 192.168.3.1

（3）在 R1 上配置 ACL，把内网的流量匹配出来。

R1(config)♯ip access-list standard 10

R1(config-std-nacl)♯10 permit 172.16.1.0 0.0.0.255   //配置 ACL 10，匹配内网 172.16.1.0/24

R1(config-std-nacl)♯exit

R1(config)♯ip access-list standard 20

R1(config-std-nacl)♯10 permit 172.16.2.0 0.0.0.255   //配置 ACL 20，匹配内网 172.16.2.0/24

R1(config-std-nacl)♯exit

（4）配置策略路由。

R1(config)♯route-map Router permit 10   //配置 route-map Router

R1(config-route-map)♯match ip address 10   //匹配内网 ACL 10 的流量

R1(config-route-map)♯set ip next-hop 192.168.2.2   //强制设置 ip 报文的下一跳为 192.168.2.2，走 R3 出口

R1(config-route-map)♯exit

R1(config)♯route-map Router permit 20

R1(config-route-map)♯match ip address 20

R1(config-route-map)♯set ip next-hop 192.168.3.2

R1(config-route-map)♯exit

（5）应用策略路由。

R1(config)♯interface GigabitEthernet 0/0

R1(config-GigabitEthernet 0/0)♯ip policy route-map Router

R1(config-GigabitEthernet 0/0)♯exit

任务拓展

1.实训目标

（1）根据要求，配置三台路由器 R1、R2、R3 接口，并根据要求创建环回接口。

（2）在路由器 R1 上启用路由协议 RIP。在 R2 上启用路由协议 OSPF 10 和 RIP,并关闭自动汇总。在 R3 上启用路由协议 OSPF 10。

（3）在 R1 上配置 RIP 汇总,把三个环回接口汇总为 172.168.0.0 255.255.252.0。同时在 R2 和 R3 上配置 OSPF MD5 认证,密钥 ID 为 1,密钥为 cisco。

（4）在 R2 和 R3 上分别做路由再重分发,并创建路由映射 cisco 来控制网段 192.168.2.0/24 不能被 R1 和 R2 学到。

2. 实训环境

任务拓展实训环境见图 9-5。

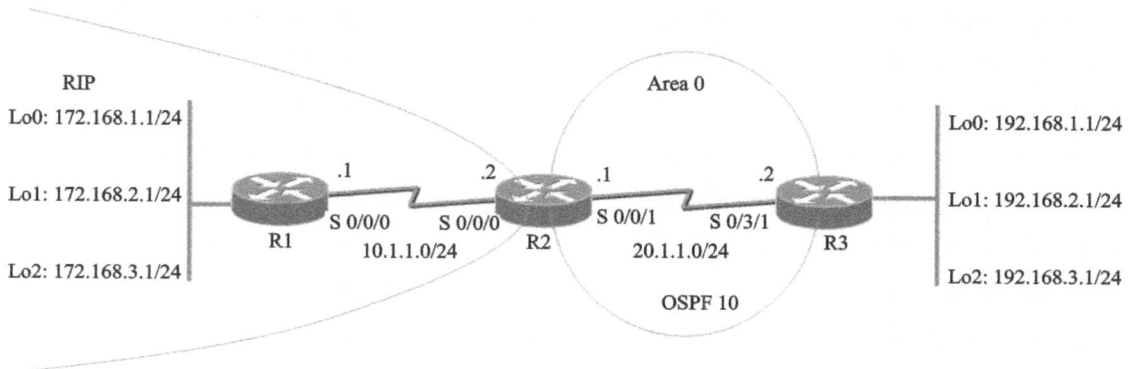

图 9-5　任务拓展实训环境

任务十　IP QOS

◆ **知识目标**

❑ 了解 IP QOS 的技术原理。

❑ 掌握 IP QOS 的配置方法。

◆ **能力目标**

❀ 熟练掌握 IP QOS 的相关配置命令。

❀ 学会运用 IP QOS 的配置技术,以提高网络的使用效率。

◆ **任务描述**

　　某企业网络带宽 100M,但是经常会出现网页访问、邮件收发等应用无法使用的问题,经分析发现网络中存在视频、下载等非关键应用抢夺网络资源,造成正常业务无法使用的情况。如何根据各种业务的特点来对网络资源进行合理的规划和分配,从而使网络资源得到高效利用呢?

知识储备

一、QOS 概述

随着 Internet 的飞速发展,人们对于在 Internet 上传输多媒体流的需求量越来越大,一般来说,用户对不同的多媒体应用有着不同的服务质量要求,这就要求网络应能根据用户的要求分配和调度资源。因此,传统所采用的"尽力而为"转发机制,已经不能满足用户的要求,QOS应运而生。

QOS(Quality of Service,服务质量)是用来评估服务方满足客户需求的能力。在 Internet中,为了提高网络服务质量,引入 QOS 机制,用 QOS 评估网络投递分组的能力。我们通常所说的 QOS,是对分组投递过程中为延迟、抖动、丢包等核心需求提供支持的服务能力的评估。

(一)QOS 基础框架

不支持 QOS 功能的设备不具有提供传输品质服务的能力,它同等对待所有的数据流,并不保证某一特殊的数据流会受到特殊的转发待遇。当网络带宽充裕的时候,所有的数据流都得到了较好的处理,而当网络发生拥塞的时候,所有的数据流都有可能被丢弃。这种转发策略提供了最佳效果服务,因为这时设备是尽最大能力转发数据,设备本身的交换带宽得到了充分的利用。

支持 QOS 功能的设备能够提供传输品质服务。针对某种类别的数据流,可以为它赋予某个级别的传输优先级,来标识它的相对重要性,并使用设备所提供的各种优先级转发策略、拥塞避免等机制为这些数据流提供特殊的传输服务。配置了 QOS 的网络环境,能增加网络的性能可预知性,并能够有效地分配网络带宽,更加合理地利用网络资源。

QOS 实现以 IETF(Internet Engineering Task Force)的 DiffServ(Differentiated Servece Mode,差分服务模型)体系为基础。DiffServ 体系规定网络中的每一个传输报文将被划分成不同的类别,分类信息被包含在了 IP 报文头中,DiffServ 体系使用了 IPv4 报文头中的 TOS (Type of Service)或者 IPv6 报文头中的 Traffic Class 字段的前 6 个 bit 来携带报文的分类信息。当然分类信息也可以被携带在链路层报文头上。一般地,附带在报文中的分类信息有:

(1)携带在 802.1Q 帧头的 Tag Control Information 中的前 3 个 bit,它包含了 8 个类别的优先级信息,通常称这三个 bit 为 User Priority Bits。

(2)携带在 IPv4 报文头中的 TOS 或者 IPv6 报文头中的 Traffic Class 字段的前 3 个 bit,称作 IP Precedence Value;或者携带在 IPv4 报文头中的 TOS 或者 IPv6 报文头中的 Traffic Class 字段的前 6 个 bit,称作 Differentiated Services Code Point(DSCP)值。

在遵循 DiffServ 体系的网络中,各设备对包含相同分类信息的报文采取相同的传输服务策略，对包含不同分类信息的报文采取不同的传输服务策略。报文的分类信息可以由网络上的主机、设备或者其他网络设备赋予。可以基于不同的应用策略或者基于报文内容的不同为报文赋予类别信息。识别报文的内容以便为报文赋予类别信息的做法往往需要消耗网络设备的大量处理资源，为了减少骨干网络的处理开销，一般这种赋予类别信息的方式都使用在网络边界。设备根据报文所携带的类别信息，为各种数据流提供不同的传输优先级，或者为某种数据流预留带宽，或者适当地丢弃一些优先级较低的报文，或者采取其他一些操作，等等。这些独立设备的这种行为在 DiffServ 体系中被称作每跳行为（Per-hop Behavior）。

如果网络上的所有设备提供了一致的每跳行为，那么对于 DiffServ 体系来说，这个网络就可以构成 End-to-end QOS Solution。

（二）QOS 处理流程

1. Classifying

Classifying，即分类，其过程是根据信任策略或者根据每个报文的内容将这些报文归类到以 COS 值来表示的各个数据流中，因此分类动作的核心任务是确定输入报文的 COS 值。分类发生在端口接收输入报文阶段，当某个端口关联了一个表示 QOS 策略的 Policy-map 后，分类就在该端口上生效，它对所有从该端口输入的报文起作用。

对于一般非 IP 报文，设备将根据以下准则来归类报文：

（1）如果报文本身不包含 QOS 信息，即报文的第二层报文头中不包含 User Priority Bits，那么可以根据报文输入端口的缺省 COS 值来获得报文的 QOS 信息。端口的缺省 COS 值和报文的 User Priority Bits 一样，取值范围为 0～7。

（2）如果报文本身包含 QOS 信息，报文的第二层报文头中包含 User Priority Bits，那么可以直接从报文中获得 COS 值。

（3）如果端口关联的 Policy-map 中使用了基于 Mac Access-list Extended 的 ACLs 归类，那么在该端口上，将通过提取报文的源 MAC 地址、目的 MAC 地址以及 Ethertype 域来匹配关联的 ACLs，以确定报文的 DSCP 值。需要注意的是，如果端口关联了某个 Policy-map，但又没有为其设置相应的 DSCP 值，则设备将按照缺省行为为符合这种归类的报文分配优先级，即根据报文第二层报文头中包含的优先级信息或端口的缺省优先级。

对于 IP 报文，可以根据以下准则来归类报文：

（1）如果端口信任模式为 Trust IP-Precedence，则直接从 IP 报文的 IP precedence 字段（3个 bit）提取出来，填充到输出报文的 COS 字段（3个 bit）。

（2）如果端口信任模式为 Trust COS，则将报文的 COS 字段（3个 bit）直接提取出来覆盖报文 IP Precedence 字段（3个 bit）。有两种情况，一种是第二层报文头中不包含 User Priority Bits，那么可以根据报文输入端口的缺省 COS 值来获得报文的 COS 值。另一种是第二层报文头中包含 User Priority bits，则直接从报文头中取得 COS 值。

（3）如果端口关联的 Policy-map 中使用了基于 IP Access-list Extended 的 ACLs 归类，那么在该端口上，将通过提取报文的源 IP 地址、目的 IP 地址、Protocol 字段以及第四层 TCP/UDP 端口字段来匹配相关联的 ACLs，以确定报文的 DSCP 值。需要注意的是，如果端口关联了某个 Policy-map，但又没有为其设置相应的 DSCP 值，则设备将按照前面两条准则确定优先级。

和非 IP 报文归类准则一样,以上几种归类准则同样可以同时作用于一个端口上。在这种情况下,上面的归类准则按照(3)、(2)、(1)的优先级起作用。

2. Policing

Policing,即策略,发生在数据流分类完成后,用于约束被分类的数据流所占用的传输带宽。Policing 动作检查被归类的数据流中的每一个报文,如果该报文超出了作用于该数据流的 Police 所允许的限制带宽,那么该报文将会被做特殊处理,它要么被丢弃,要么被赋予另外的 DSCP 值。

在 QOS 处理流程中,Policing 动作是可选的。如果没有 Policing 动作,那么被分类的数据流中的报文的 DSCP 值将不会做任何修改,报文也不会在送往 Marking 动作之前被丢弃。

3. Marking

Marking,即标识,经过 Classifying 和 Policing 动作处理之后,为了确保被分类报文对应的 DSCP 值能够传递给网络上的下一跳设备,需要通过 Marking 动作为报文写入 QOS 信息,可以使用 QOS ACLs 改变报文的 QOS 信息,也可以使用 Trust 方式直接保留报文中的 QOS 信息,例如,选择 Trust DSCP,从而保留 IP 报文头的 DSCP 信息。

4. Queueing

Queueing,即队列,负责将数据流中报文送往端口的某个输出队列中,送往端口的不同输出队列的报文将获得不同等级和性质的传输服务策略。

每一个端口上都拥有 8 个输出队列,通过设备上配置的 DSCP-to-COS Map 和 COS-to-Queue Map 两张映射表来将报文的 DSCP 值转化成输出队列号,以便确定报文应该被送往的输出队列。

5. Scheduling

Scheduling,即调度,为 QOS 流程的最后一个环节。当报文被送到端口的不同输出队列上之后,设备将采用 WRR 或者其他算法发送 8 个队列中的报文。

可以通过设置 WRR 算法的权重值来配置各个输出队列在输出报文的时候所占用的每循环发送报文个数,从而影响传输带宽,或通过设置 DRR 算法的权重值来配置各个输出队列在输出报文的时候所占用的每循环发送报文字节数,从而影响传输带宽。

(三)QOS 逻辑端口组

可以指定一系列端口为一个 QOS 逻辑端口组(这里端口可以是 AP,也可以是物理口,下文简称为逻辑端口组),并针对这个逻辑端口组关联 Policy-map 进行 QOS 处理。以限速为例,对符合限速条件的报文,在同一个逻辑端口组内所有的端口共享 Policy-map 所限定的带宽值。

二、配置 QOS

(一)缺省 QOS 设置

用户在进行 QOS 配置之前,需要清楚和 QOS 有关的几点信息:

（1）一个接口最多关联 1 个 Policy-map。

（2）一个 Policy-map 可以拥有多个 Class-map。

（3）一个 Class-map 最多关联 1 个 ACL，该 ACL 的所有 ACE 必须具有相同的过滤域模板。

（4）一个接口上关联的 ACE 的个数服从"配置安全 ACL"的限制。

缺省情况下，QOS 功能是关闭的，即设备对所有的报文进行同等处理。但当将一个 Policy-map 关联到某一个接口上，并设置了接口的信任模式时，该接口的 QOS 功能即被打开。要关闭该接口的 QOS 功能，可以通过解除该接口的 Policy-map 设置，并将接口的信任模式设为 Off 即可。

(二)配置接口的 QOS 信任模式

缺省情况下，接口的 QOS 信任模式是不信任。配置接口的 QOS 信任模式，可以执行表 10-1 命令。

表 10-1

命令	作用
Switch# configure terminal	进入配置模式
Switch(config)# interface interface	进入接口配置模式
Switch(config-if)# mls qos trust {cos|ip-precedence|dscp}	配置接口的 QOS 信任模式 COS,DSCP 或 IP Precedence
Switch(config-if)# no mls qos trust	恢复接口默认 QOS 信任模式

将端口 interface GigabitEthernet 0/4 信任模式设置为 DSCP：

Switch(config)# interface GigabitEthernet 0/4

Switch(config-if)# mls qos trust dscp

Switch(config-if)# end

Switch# show mls qos interface g 0/4

Interface:GigabitEthernet 0/4

Attached input policy-map：

Default trust：trust dscp

Default COS：0

(三)配置接口的缺省 COS 值

可以执行表 10-2 的设置步骤来配置每一个接口的缺省 COS 值。

缺省情况下，接口的缺省 COS 值为 0。

表 10-2

命令	作用
Switch# configure terminal	进入配置模式
Switch(config)# interface interface	进入接口配置模式

续表

命令	作用
Switch（config-if）＃ mls qos cos default-cos	配置接口的缺省 COS 值,default-cos 为要设置的缺省 COS 值,取值范围为 0～7
Switch(config-if)＃ no mls qos cos	默认的缺省 COS 值

将接口 Interface g 0/4 缺省 COS 值设置为 6：
Switch＃ configure terminal
Switch(config)＃ interface g 0/4
Switch(config-if)＃ mls qos cos 6
Switch(config-if)＃ end
Switch＃ show mls qos interface g 0/4
Interface：GigabitEthernet 0/4
Attached input policy-map：
Default trust：trust dscp
Default COS：6

（四）配置逻辑端口组

在接口配置模式下,可以执行表 10-3 命令将端口加入逻辑端口组。
表 10-3

命令	作用
Switch（config-if）＃［no］virtual-group virtual-group-number	将该接口加入一个逻辑端口组或退出一个逻辑端口组。virtual-group-number 表示逻辑端口组成员端口组的编号,即逻辑端口组号

在接口配置模式下使用 no virtual-group virtual-group-number 命令将一个物理端口退出逻辑端口组。

将以太网接口 0/1 配置成逻辑端口组 5 的成员：
Switch＃ configure terminal
Switch(config)＃ interface GigabitEthernet 0/1
Switch(config-if-range)＃ virtual-group 5
Switch(config-if-range)＃ end

（五）配置 Class-map

可以执行表 10-4 命令来创建并配置 Class-map。
表 10-4

命令	作用
Switch＃ configure terminal	进入配置模式

命令	作用
Switch（config）＃ ip access-list extended ｛id｜name｝ Switch（config）＃ ip access-list standard ｛id｜name｝ Switch（config）＃ mac access-list extended ｛id｜name｝ Switch（config）＃ expert access-list extended ｛id｜name｝ Switch（config）＃ IPv6 access-list extended name Switch（config）＃ access-list id［…］	创建 ACL
Switch（config）＃［no］class-map class-map-name	创建并进入 Class-map 配置模式，class-map-name 是要创建的 Class-map 的名字，no 选项是删除一个已经存在的 Class-map
Switch（config-cmap）＃［no］match access-group ｛acl-num｜acl-name｝	设置匹配 ACL，acl-name 为已经创建的 ACL 名字，acl-num 为已经创建的 ACL id，no 选项为删除该匹配
Switch（config-cmap）＃［no］match ip dscp dscp-value1［dscp-value2［dscp-valueN］］	设置要匹配的报文的 IP DSCP 值，dscp-valueN 为要匹配的 DSCP 值，一次最多可以匹配 8 个不同的值
Switch（config-cmap）＃［no］match ip Precedence ip-pre-value1［ip-pre-value2［ip-pre-valueN］］	设置要匹配的报文的 IP Precedence 值，ip-pre-valueN 为要匹配的 Precedence 值，一次最多可以匹配 8 个不同的值

以下设置步骤创建了一个名为 Class1 的 Class-map，它关联一个 ACL：acl_1。这个 Class-map 将分类所有端口号为 80 的 TCP 报文。

Switch（config）＃ ip access-list extended acl_1

Switch（config-ext-nacl）＃ permit tcp any any eq 80

Switch（config-ext-nacl）＃ exit

Switch（config）＃ class-map class1

Switch（config-cmap）＃ match access-group acl_1

Switch（config-cmap）＃ end

（六）配置 Policy-map

可以执行表 10-5 命令来创建并配置 Policy-map。

表 10-5

命令	作用
Switch# configure terminal	进入配置模式
Switch(config)# [no] policy-map policy-map-name	创建并进入 Policy-map 配置模式,policy-map-name 是要创建的 Policy-map 的名字,no 选项为删除一个已经存在的 Policy-map
Switch(config-pmap)# [no] class class-map-name	创建并进入数据分类配置模式,class-map-name 是已经创建的 Class-map 名字,no 选项为删除该数据分类
Switch(config-pmap-c)# [no] set { ip dscp new-dscp|cos new-cos [none-tos]}	为该数据流中的 IP 报文设置新的 IP DSCP 值或者设置新的 COS 值;对于非 IP 报文,设置新的 IP DSCP 值不起作用;new-dscp 是要设置的新 DSCP 值,取值范围依产品不同而不同;new-cos 是要设置的新 COS 值,取值范围为 0～7;none-tos 是代表设置新的 COS 值,同时不修改报文的 DSCP 值
Switch(config-pmap-c)# police rate-bps burst-byte [exceed-action {drop|dscp dscp-value|cos cos-value[none-tos]}]	限制该数据流的带宽和为带宽超限部分指定处理动作,rate-bps 是每秒钟带宽限制量(Kbps),burst-byte 是猝发流量限制值(Kbyte),drop 是丢弃带宽超限部分的报文,dscp dscp-value 是改写带宽超限部分报文的 DSCP 值,dscp-value 取值范围依产品不同而不同,cos cos-value 是改写超限部分的报文的 COS 值,cos-vlaue 取值范围为 0～7,none-tos 选项代表改写报文的 COS 值时,不修改报文的 DSCP 值
Switch(config-pmap-c)# no police	取消限制该数据流的带宽和为带宽超限部分指定处理动作

以下的设置步骤创建了一个名为 Policy1 的 Policy-map,并将该 Policy-map 关联接口 GigabitEthernet 1/1。

Switch(config)# policy-map policy1
Switch(config-pmap)# class class1
Switch(config-pmap-c)# set ip dscp 48
Switch(config-pmap-c)# exit
Switch(config-pmap)# exit
Switch(config)# interface Gigabitethernet 1/1
Switch(config-if)# switchport mode trunk
Switch(config-if)# mls qos trust cos
Switch(config-if)# service-policy input policy1

(七)配置接口应用 Policy-map

可以执行表 10-6 命令将 Policy-map 应用到端口上。

表 10-6

命令	作用
Switch# configure terminal	进入配置模式
Switch(config)# interface interface	进入接口配置模式
Switch(config-if)# [no] service-policy {input|output} policy-map-name	将创建的 Policy-map 应用到接口上；policy-map-name 是已经创建的 Policy-map 的名字，input 为输入，output 为输出

(八)配置逻辑端口组应用 Policy-map

可以执行表 10-7 命令将 Policy-map 应用到逻辑端口组上。

命令	说明
Switch# configure terminal	进入配置模式
Switch(config)# virtual-group virtual-group-number	进入逻辑端口组配置模式
Switch(config)# [no] service-policy {input|output} policy-map-name	将创建的 Policy-map 应用到逻辑端口组上；policy-map-name 是已经创建的 Policy-map 的名字，input 为输入限速，output 为输出限速

(九)配置输出队列调度算法

可以为端口的输出队列调度算法：WRR、SP 和 DRR，缺省情况下，输出队列算法为 WRR（带权重的队列轮转）。

可以执行表 10-8 步骤对端口优先级队列调度方式进行设置，详细算法请参照 QOS 概述。

表 10-8

命令	作用
Switch# configure terminal	进入配置模式
Switch(config)# mls qos scheduler {sp|wrr|drr}	端口优先级队列调度方式，SP 为绝对优先级调度，WRR 为带帧数量权重轮转调度，DRR 为带帧长度权重轮转调度
Switch(config)# no mls qos scheduler	恢复为缺省 WRR 调度

以下的设置步骤将端口的输出轮转算法设置成 SP：

Switch# configure terminal
Switch(config)# mls qos scheduler sp
Switch(config)# end
Switch# show mls qos scheduler
Global Multi-Layer Switching scheduling
Strict Priority

(十)配置输出轮转权重

可以执行表 10-9 步骤配置端口的输出轮转权重。

表 10-9

命令	作用
Switch# configure terminal	进入配置模式
Switch(config)# {wrr-queue | drr-queue} bandwidth weight1...weightn	weight1...weightn 为指定的输出队列的权重值,个数及取值范围见缺省 QOS 设置
Switch(config)# no {wrr-queue | drr-queue} bandwidth	no 选项为恢复权重的缺省值

将 WRR 调度权重设置为 1:2:3:4:5:6:7:8。

Switch# configure terminal

Switch(config)# wrr-queue bandwidth 1 2 3 4 5 6 7 8

Switch(config)# end

Switch# show mls qos queueing

Cos-queue map:

cos	qid
---	---
0	1
1	2
2	3
3	4
4	5
5	6
6	7
7	8

wrr bandwidth weights:

qid	weights
---	-------
0	1
1	2
2	3
3	4
4	5
5	6
6	7
7	8
8	9

(十一)配置 COS-map

可以通过设置 COS-map 来选择报文输出时进入哪个输出队列(表 10-10),COS-map 的缺省设置见缺省 QOS 配置。

表 10-10

命令	作用
Switch# configure terminal	进入配置模式
Switch(config)# priority-queue cos-map qid cos0 [cos1[cos2 [cos3 [cos4 [cos5 [cos6 [cos7]]]]]]]	QID 为队列 id,cos0...cos7 为指定和这个队列关联的 COS 值
Switch（config）# no priority-queue cos-map	将 COS-map 恢复成缺省值

设置 COS-map：

Switch# configure terminal

Switch(config)# priority-queue COS-Map 1 2 4 6 7 5

Switch(config)# end

Switch# show mls qos queueing

Cos-queue map：

cos	qid
---	---
0	1
1	2
2	1
3	4
4	1
5	1
6	1
7	1

wrr bandwidth weights：

qid	weights
---	-------
0	1
1	2
2	3
3	4
4	5
5	6
6	7
7	8

(十二)配置 COS-to-DSCP Map

COS-to-DSCP Map 用于将报文的 COS 值映射到内部 DSCP 值,可以执行表 10-11 步骤对 COS-to-DSCP Map 进行设置,COS-to-DSCP Map 的缺省设置见缺省 QOS 配置。

表 10-11

命令	作用
Switch# configure terminal	进入配置模式
Switch(config)# mls qos map cos-dscp dscp1...dscp8	修改 COS-to-DSCP Map 的设置,dscp1...dscp8 是对应于 COS 值 0~7 的 DSCP 值,DSCP 取值范围依产品不同而不同
Switch(config)# no mls qos map cos-dscp	恢复缺省值

配置 COS-to-DSCP Map:

Switch# configure terminal

Switch(config)# mls qos map cos-dscp 56 48 46 40 34 32 26 24

Switch(config)# end

Switch# show mls qos maps cos-dscp

cos	dscp
---	----
0	56
1	48
2	46
3	40
4	34
5	32
6	26
7	24

(十三)配置 DSCP-to-COS Map

DSCP-to-COS Map 用于将报文的内部 DSCP 值映射到 COS 值,以便为报文选择输出队列。

DSCP-to-COS Map 的缺省设置见缺省 QOS 配置,可以执行表 10-12 步骤对 DSCP-to-COS Map 进行设置。

表 10-12

命令	作用
Switch# configure terminal	进入配置模式
Switch(config)# mls qos map dscp-cos dscp-list to cos	设置 DSCP to COS Map。dscp-list:要设置的 DSCP 值的列表,DSCP 值之间用空格分隔,取值范围依产品不同而不同;COS:对应 DSCP 值的 COS 值,取值范围为 0~7
Switch(config)# no mls qos map dscp-cos	设置为默认值

DSCP 值 0、32、56 设置对应成 6:

Switch# configure terminal

Switch(config)♯ mls qos map dscp-cos 0 32 56 to 6

Switch(config)♯ show mls qos maps dscp-cos

dscp	cos	dscp	cos	dscp	cos	dscp	cos
0	6	1	0	2	0	3	0
4	0	5	0	6	0	7	0
8	1	9	1	10	1	11	1
12	1	13	1	14	1	15	1
16	2	17	2	18	2	19	2
20	2	21	2	22	2	23	2
24	3	25	3	26	3	27	3
28	3	29	3	30	3	31	3
32	6	33	4	34	4	35	4
36	4	37	4	38	4	39	4
40	5	41	5	42	5	43	5
44	5	45	5	46	5	47	5
48	6	49	6	50	6	51	6
52	6	53	6	54	6	55	6
56	6	57	7	58	7	59	7
60	7	61	7	62	7	63	7

（十四）配置端口速率限制

可以执行表 10-13 步骤对端口速率限制进行设置。

表 10-13

命令	作用
Switch♯ configure terminal	进入配置模式
Switch(config)♯ interface interface	进入接口配置模式
Switch(config-if)♯ rate-limit { input|output } bps burst-size	端口速率限制。input 为输入限速，output 为输出限速，bps 是每秒钟的带宽限制量（Kbps），burst-size 是猝发流量限制值（Kbyte）
Switch(config-if)♯ no rate-limit	取消端口限速

举例如下：

Switch♯ configure terminal

Switch(config)♯ interface GigabitEthernet 0/4

Switch(config-if)♯ rate-limit input 100 100

Switch(config-if)♯ end

（十五）配置 IP-precedence-to-DSCP Map

IP-precedence-to-DSCP 用于将报文的 IP-precedence 值映射到内部 DSCP 值，IP-precedence-to-DSCP Map 的缺省设置见缺省 QOS 配置,可以执行表 10-14 步骤对 IP-precedence-to-DSCP Map 进行设置。

表 10-14

命令	作用
Switch# configure terminal	进入配置模式
Switch(config)# mls qos map ip-prec-dscp dscp1...dscp8	修改 IP-precedence-to-DSCP Map 的设置,dscp1...dscp8 是对应于 IP-precedence 值 0~7 的 DSCP 值
Switch(config)# no mls qos map ip-prec-dscp	恢复缺省配置

配置 IP-precedence-to-DSCP Map:
Switch# configure terminal
Switch(config)# mls qos map ip-precedence-dscp 56 48 46 40 34 32 26 24
Switch(config)# end
Switch# show mls qos maps ip-prec-dscp
ip-precedence   dscp
-----------   ----
0   56
1   48
2   46
3   40
4   34
5   32
6   26
7   24

(十六)清除队列统计值

接口的输出队列的统计值可以通过特权模式命令 show interface 查看。可执行特权模式下的 clear counters 命令清除接口的输出队列统计值。在支持显示接口输出队列统计值的设备上,清除接口的统计值的同时会将接口上的输出队列统计值清零。清除接口统计值的命令请参考接口配置相关章节。

三、QOS 显示

(一)显示 Class-map

可以执行表 10-15 步骤显示 Class-map 内容。

表 10-15

命令	作用
show class-map [class-name]	显示 Class-map 实体的内容

显示 Class-map：

Switch♯ show class-map

Class Map cc

Match access-group 1

（二）显示 Policy-map

可以执行表 10-16 步骤显示 Policy-map 内容。

表 10-16

命令	作用
show policy-map［policy-name［class class-name]]	显示 QOS Policy-map，policy-name 为选定的 Policy-map 名，指定 class class-name 时显示相应 Policy-map 绑定的 Class-map

显示 Policy-map：

Switch♯ show policy-map

Policy Map pp

Class cc

（三）显示 MLS QOS Interface

可以执行表 10-17 步骤显示所有端口 QOS 信息。

表 10-17

命令	作用
show mls qos interface［interface｜policers］	显示接口的 QOS 信息，Policers 选项显示接口应用的 Policy-map

显示 MLS QOS Interface：

Switch♯ show mls qos interface GigabitEthernet 0/4

Interface：GigabitEthernet 0/4

Attached input policy-map：pp

Default trust：trust dscp

Default COS：6

Switch♯ show mls qos interface policers

Interface：GigabitEthernet 0/4

Attached input policy-map：pp

（四）显示 MLS QOS Queueing

可以执行表 10-18 步骤显示 QOS 队列信息。

表 10-18

命令	作用
show mls qos queueing	显示 QOS 队列信息，COS-to-queue Map、WRR Weight 及 DRR Weight

显示 MLS QOS Queueing：

Switch♯ show mls qos queueing

Cos-queue map：

cos	qid
0	1
1	2
2	1
3	4
4	1
5	1
6	1
7	1

wrr bandwidth weights：

qid	weights
0	1
1	2
2	3
3	4
4	5
5	6
6	7
7	8

（五）显示 MLS QOS Scheduler

可以执行表 10-19 步骤显示 QOS 调度方式。

表 10-19

命令	作用
show mls qos scheduler	显示端口优先级队列调度方式

显示 MLS QOS Scheduler：

Switch♯ show mls qos scheduler

Global Multi-Layer Switching scheduling

Strict Priority

Switch♯

（六）显示 MLS QOS Maps

可以执行表 10-20 步骤显示 MLS QOS Maps 对应表。

表 10-20

命令	作用
show mls qos maps ［cos-dscp｜dscp-cos｜ip-precedence-dscp］	显 示 MLS QOS Maps、DSCP-COS、IP-precedence-DSCP Maps

显示 MLS QOS Maps：

Switch＃ show mls qos maps cos-dscp

cos	dscp
0	0
1	8
2	16
3	24
4	32
5	40
6	48
7	56

Switch＃ show mls qos maps dscp-cos

dscp	cos	dscp	cos	dscp	cos	dscp	cos
0	6	1	0	2	0	3	0
4	0	5	0	6	0	7	0
8	1	9	1	10	1	11	1
12	1	13	1	14	1	15	1
16	2	17	2	18	2	19	2
20	2	21	2	22	2	23	2
24	3	25	3	26	3	27	3
28	3	29	3	30	3	31	3
32	6	33	4	34	4	35	4
36	4	37	4	38	4	39	4
40	5	41	5	42	5	43	5
44	5	45	5	46	5	47	5
48	6	49	6	50	6	51	6
52	6	53	6	54	6	55	6
56	6	57	7	58	7	59	7
60	7	61	7	62	7	63	7

Switch＃ show mls qos maps ip-precedence-dscp

ip-precedence	dscp

0	56
1	48
2	46
3	40
4	34
5	32
6	26
7	24

(七)显示 MLS QOS Rate-limit

可以执行表 10-21 步骤显示端口速率限制信息。

表 10-21

命令	作用
show mls qos rate-limit [interface inter-face]	显示端口速率限制信息

显示 MLS QOS Rate-limit:

Switch♯ show mls qos rate-limit

Interface:GigabitEthernet 0/4

rate limit input bps = 100 burst = 100

(八)显示 Show Policy-map Interface

可以执行表 10-22 步骤显示端口 Policy Map 的配置。

表 10-22

命令	作用
show policy-map interface	显示端口 Policy-map 配置

显示 Show Policy-map Interface:

Switch♯ show policy-map interface f 0/1

FastEthernet 0/1 input(tc policy):pp

Class cc

set ip dscp 22

mark count 0

(九)显示 Virtual-group

在特权模式下,可按表 10-23 步骤显示 Virtual-group 信息。

表 10-23

命令	作用
show virtual-group [virtual-group-number|summary]	显示逻辑端口组信息

显示 Virtual-group：

Switch♯ show virtual-group 1

virtual-group	member
1	Gi 0/2 Gi 0/3 Gi 0/4 Gi 0/5 Gi 0/6 Gi 0/7 Gi 0/8 Gi 0/9 Gi 0/10

Switch♯ show virtual-group summary

virtual-group	member
1	Gi 0/1 Gi 0/2 Gi 0/3 Gi 0/4 Gi 0/5 Gi 0/6 Gi 0/7 Gi 0/8 Gi 0/9
2	Gi 0/11 Gi 0/12 Gi 0/13 Gi 0/14 Gi 0/15 Gi 0/16 Gi 0/17 Gi 0/18 Gi 0/19

（十）显示队列统计值

可在特权模式下执行表 10-24 命令来查看一个接口上的各个输出队列的统计值信息。

表 10-24

命令	作用
show interfaces [interface-id]	显示指定接口的全部状态和配置信息

显示接口 GigabitEthernet 0/1 的队列统计值：

Switch♯ show interfaces GigabitEthernet 0/1

Index(dec):1(hex):1

GigabitEthernet 0/1 is DOWN,line protocol is DOWN

Hardware is S5750E GigabitEthernet

Interface address is:no ip address

MTU 1500 bytes,BW 1000000 Kbit

Encapsulation protocol is Bridge,loopback not set

Keepalive interval is 10 sec,set

Carrier delay is 2 sec

Rxload is 1/255,Txload is 1/255

Queue	Transmitted packets	Transmitted bytes	Dropped packets	Dropped bytes
0	0	0	0	0
1	0	0	0	0
2	0	0	0	0
3	0	0	0	0
4	0	0	0	0
5	0	0	0	0
6	0	0	0	0
7	4	288	0	0

Switchport attributes：

interface's description:""

admin medium-type is Copper,oper medium-type is Copper

lastchange time:0 Day:0 Hour:1 Minute:32 Second

Priority is 0

admin duplex mode is AUTO,oper duplex is Unknown

admin speed is AUTO,oper speed is Unknown

flow control admin status is OFF,flow control oper status is Unknown

Storm Control:Broadcast is OFF,Multicast is OFF,Unicast is OFF

Port-type:access

Vlan id:1

5 minutes input rate 0 bits/sec,0 packets/sec

5 minutes output rate 0 bits/sec,0 packets/sec

4 packets input,256 bytes,0 no buffer,0 dropped

Received 0 broadcasts,0 runts,0 giants

0 input errors,0 CRC,0 frame,0 overrun,0 abort

4 packets output,256 bytes,0 underruns,0 dropped

0 output errors,0 collisions,0 interface resets

任务实施

一、QOS 配置实训

1. 实训目标

某公司企业网络通过交换机(本例为 Switch A)实现业务互连,需配置优先级重标记和队列调度,实现下述需求:

(1)当研发部和市场部访问服务器时,服务器报文的优先级为:邮件服务器>文件服务器>工资查询服务器。

(2)无论人事管理部访问 Internet 还是访问服务器,交换机都优先处理人事管理部发出的报文。

(3)交换机在运行过程中,时常发现网络拥塞,为了保证业务顺利运转,要求使用 WRR 队列调度,使访问邮件数据库、文件数据库、工资查询数据库的 IP 数据报按照 6：2：1 的比例来调度。

2. 实训环境

QOS 配置实训环境见图 10-1。

网络环境描述如下:

(1)研发部、市场部和人事管理部分别接入 Switch A 的端口 GigabitEthernet 0/1、GigabitEthernet 0/2 和 GigabitEthernet 0/3;

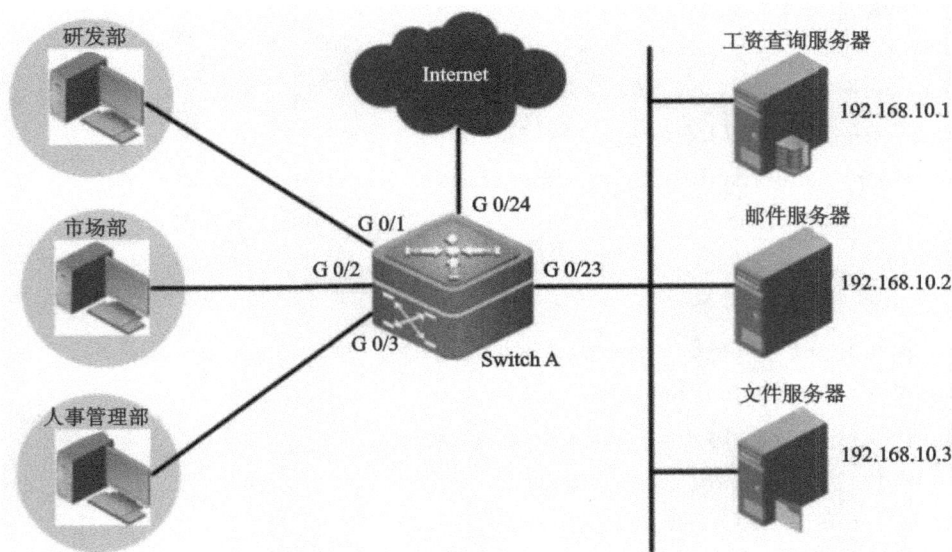

图 10-1　QOS 配置实训环境

（2）工资查询服务器、邮件服务器和文件服务器连接在 Switch A 的端口 GigabitEthernet 0/23 下。

3．实训要点

（1）通过配置访问不同服务器数据流的 COS 值，实现设备处理访问各种服务器报文的优先级；

（2）通过配置接口的缺省 COS 值为特定值，实现设备优先处理人事管理部发出的报文；

（3）通过配置 WRR 队列调度实现按特定个数比进行数据报文传输调度。

4．实训步骤

（1）创建访问各类服务器的 ACL。

Switch A(config)♯ip access-list extended salary

Switch A(config-ext-nacl)♯permit ip any host 192.168.10.1

Switch A(config-ext-nacl)♯exit

Switch A(config)♯ip access-list extended mail

Switch A(config-ext-nacl)♯permit ip any host 192.168.10.2

Switch A(config-ext-nacl)♯exit

Switch A(config)♯ip access-list extended file

Switch A(config-ext-nacl)♯permit ip any host 192.168.10.3

（2）创建匹配各类服务器 ACL 的 Class-map。

Switch A(config)♯class-map salary

Switch A(config-cmap)♯match access-group salary

Switch A(config-cmap)♯exit

Switch A(config)♯class-map mail

Switch A(config-cmap)♯match access-group mail

Switch A(config-cmap)♯exit

Switch A(config)♯class-map file

Switch A(config-cmap)♯match access-group file

(3)将 Policy-map 关联相应的 Class-map,并配置访问邮件服务器数据流的 COS 值和访问文件服务器数据流的 COS 值。

访问工资查询服务器数据流的 COS 值:

Switch A(config)♯policy-map to server

Switch A(config-pmap)♯class mail

Switch A(config-pmap-c)♯set cos 4

Switch A(config-pmap-c)♯exit

Switch A(config-pmap)♯class file

Switch A(config-pmap-c)♯set cos 3

Switch A(config-pmap-c)♯exit

Switch A(config-pmap)♯class salary

Switch A(config-pmap-c)♯set cos 2

Switch A(config-pmap-c)♯end

(4)将 Policy-map 应用到相应端口,并配置端口的 QOS 信任模式。

Switch A(config)♯interface GigabitEthernet 0/1

Switch A(config-if-GigabitEthernet 0/1)♯service-policy input to server

Switch A(config-if-GigabitEthernet 0/1)♯mls qos trust cos

Switch A(config-if-GigabitEthernet 0/1)♯exit

Switch A(config)♯interface GigabitEthernet 0/2

Switch A(config-if-GigabitEthernet 0/2)♯service-policy input to server

Switch A(config-if-GigabitEthernet 0/2)♯mls qos trust cos

Switch A(config-if-GigabitEthernet 0/2)♯exit

(5)配置设备的端口优先级队列调度方式为绝对优先级调度。

Switch A(config)♯mls qos scheduler sp

(6)配置下联人事管理部接口的缺省 COS 值为 7,优先人事管理部发出的报文,并配置端口的 QOS 信任模式。

Switch A(config)♯interface GigabitEthernet 0/3

Switch A(config-if-GigabitEthernet 0/3)♯mls qos cos 7

Switch A(config-if-GigabitEthernet 0/3)♯mls qos trust cos

(7)配置 WRR 队列调度的输出轮转权重。

Switch A(config)♯wrr-queue bandwidth 1 1 1 1 26 1 1 1

(8)配置设备的端口优先级队列调度方式为 WRR 调度。

Switch A(config)♯mls qos scheduler wrr

配置验证:

(1)确认 Class-map 的内容是否配置正确。

Switch A(config)♯show class-map

Class Map salary

Match access-group salary

Class Map mail

Match access-group mail

Class Map file

Match access-group file

(2)确认 Policy-map 的内容是否配置正确。

Switch A(config)♯show policy-map

Policy Map to server

Class mail

set cos 4

Class file

set cos 3

Class salary

set cos 2

(3)确认对应端口的 QOS 信息是否正确。

Switch A(config)♯show mls qos interface gigabitEthernet 0/1

Interface:GigabitEthernet 0/1

Attached input policy-map:toserver

Attached output policy-map:

Default trust:cos

Default cos:0

Switch A(config)♯show mls qos interface gigabitEthernet 0/2

Interface:GigabitEthernet 0/2

Attached input policy-map:toserver

Attached output policy-map:

Default trust:cos

Default cos:0

(4)确认 QOS 队列信息。

Switch A(config)♯show mls qos queueing

Cos-queue map：

cos	qid
0	1
1	2
2	3
3	4
4	5
5	6

| 6 | 7 |

| 7 | 8 |

wrr bandwidth weights：

qid	weights
1	1
2	1
3	1
4	2
5	6
6	1
7	1
8	1

drr bandwidth weights：

qid	weights
1	1
2	1
3	1
4	1
5	1
6	1
7	1
8	1

任务拓展

1. 实训目标

(1)在 RG-S 3760E 上将生产、办公、视频业务的数据流所对应的数据流的 DSCP 标识为 56、32、48。

(2)办公及视频主线路拥塞时,保证这两种业务所占 4M 带宽的比例(办公∶视频)为 1∶2。

(3)当出现线路故障时,生产、办公、视频三种业务在 1 条 4M 线路上所占带宽比例(生产∶办公∶视频)为 1∶1∶2。

2. 实训环境

任务拓展实训环境见图 10-2。

数据流分析:网络正常的情况下,实训环境如图 10-3 所示。

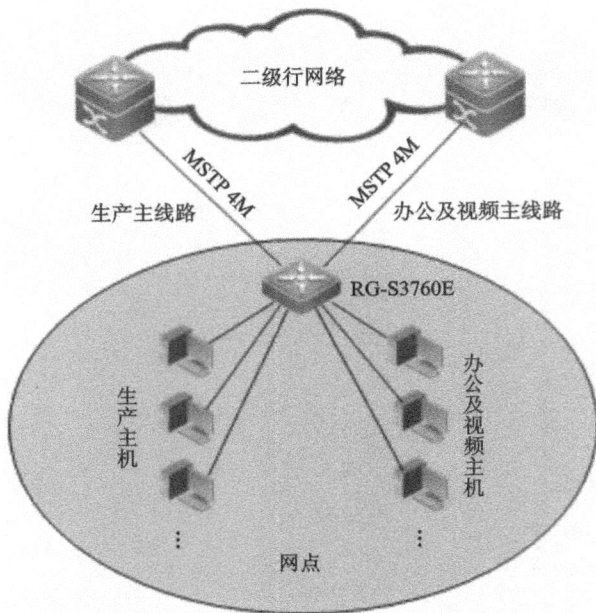

图 10-2　任务拓展实训环境

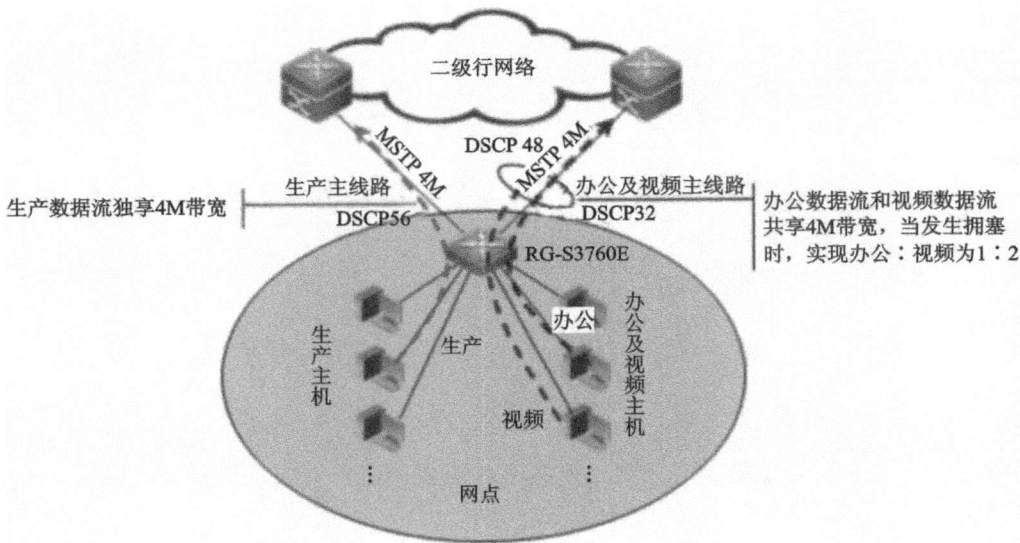

图 10-3　网络正常情况下的实训环境

线路故障的情况下，实训环境如图 10-4 所示。

网点直接采用三层交换机作为用户网关，下连多个 VLAN，连接生产、办公、视频业务，上行连接 1 条或 2 条 MSTP 线路，通过 OSPF 路由控制以实现业务分流，生产和办公/视频走单独的链路，当出现链路故障，多种业务在同一条链路中传输时，部署 QOS 带宽策略以实现重点业务的保障。

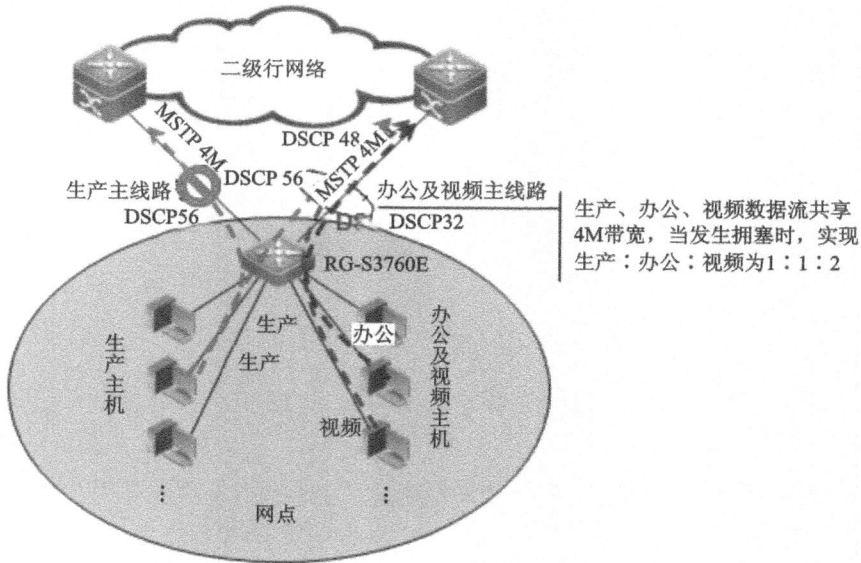

图 10-4 网络故障情况下的实训环境

3.实训要点

(1)使用 Policy-map 进行限速。

① 用 ACL 进行流量分类;

② 配置 Class-map 关联 ACL;

③ 配置 Policy-map 关联 Class-map,并设置流量策略;

④ 接口调用 Policy-map。

(2)使用 Rate-limit 进行限速。

直接在接口上应用 Rate-limit。

参 考 文 献

[1] 高峡,陈智罡,袁宗福.网络设备互连学习指南(RCNA 指定教材).北京:科学出版社,2009.

[2] 高峡,钟啸剑,李永俊.网络设备互连实验指南(RCNA 指定教材).北京:科学出版社,2009.

[3] 张选波,吴丽征,周金玲.设备调试与网络优化学习指南.北京:科学出版社,2009.

[4] 张选波,王东,张国清.设备调试与网络优化实验指南.北京:科学出版社,2009.

[5] 张选波,石林,方洋.RCNP 学习指南:构建高级的交换网络(BASN).北京:电子工业出版社,2008.

[6] 方洋,李文宇,张选波.RCNP 实验指南:构建高级的交换网络(BASN).北京:电子工业出版社,2008.

[7] 石林,方洋,李文宇.RCNP 实验指南:构建高级的路由互联网络(BARI).北京:电子工业出版社,2008.

[8] 汪双顶,张选波.局域网构建与管理项目教程(RCAM 指定教材).北京:机械工业出版社,2012.

[9] 姚羽,石林,杨靖.IPv6 技术实验指导书.北京:电子工业出版社,2007.

[10] 金汉均,仲红.VPN 虚拟专用网安全实践教程.北京:清华大学出版社,2010.

[11] 王继龙,安淑梅,邵丹.局域网安全实践教程.北京:清华大学出版社,2009.

[12] 张治平.网络设备安装与调试.北京:中国铁道出版社,2011.

[13] 张选波.企业网络构建与安全管理.北京:机械工业出版社,2012.

[14] 张文库.企业网搭建及应用.北京:电子工业出版社,2013.